美味三餐好伴侣

五分钟轻松酱料制作教程

李建轩（Stanley）著

人民邮电出版社
北京

写在本书之前

给料理新人的本书指南

1 一酱变多酱：从基础酱加料，就能延伸变化出更多酱料

一酱变多酱的秘密很简单！我先在第一章教大家做中式、西式、日韩及东南亚酱料中最基础的必学酱料，就算是料理新人也能快速学会。掌握这些基础酱料后，只要再加几样食材，就能轻松变化出更多进阶酱料！

基础酱【蛋黄酱】

蛋黄酱再升级【塔塔酱】

塔塔酱再升级【凯撒酱】

例如书中教大家的西式酱料“蛋黄酱”，制作方式非常简单，即使是料理新人，也能做出大厨手艺。你大概想不到，蛋黄酱只要再加几样材料就能变出塔塔酱，塔塔酱只要再加几样材料就能变出凯撒酱！

李建轩Stanley小提醒

这些酱料在书中皆以“某某酱再升级”标出其基础酱，让你一目了然，快速找出关联性！

2 一菜搭多酱：学会一道美味料理，就能搭配本书教你的多种酱料

料理新人大显身手的时刻到了！除了制作各种酱料外，当然也要学会做出搭配这些酱料的美味料理。现在就跟着我一起做出美味的派对小食、清爽蔬食、宴客好菜、浓郁汤品及各式甜点饮品吧！

【英式炸鱼柳】

【塔塔酱】

可另外搭配

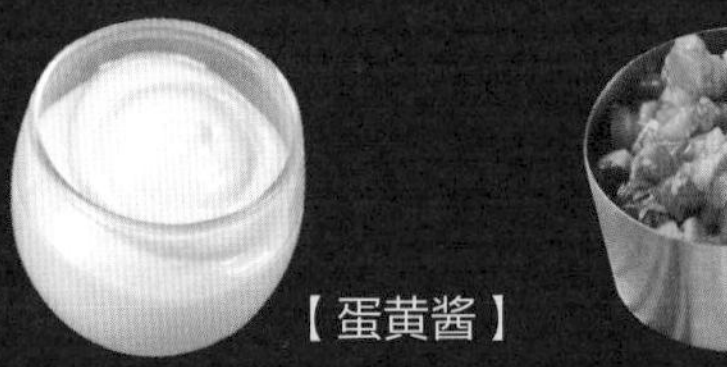

【蛋黄酱】 【莎莎酱】

【凯撒酱】

如何一菜搭多酱？例如在书中教大家做的美味料理“英式炸鱼柳”，不但可以搭配自制的微酸塔塔酱，也可以依个人喜好，搭配书中教的万用蛋黄酱、浓郁料多的凯撒酱，或是充满墨西哥风味的莎莎酱喔！

Preface

作者序

创造健康美味，为生活加点调味品！

各位读者，大家好！我是煮厨李建轩。欢迎打开我的酱料之书，在这本书中，我将带领大家一同探索中式、西式、日韩、东南亚酱料的美味秘密！

现代人对于吃不只讲求精致，更追求健康养生及安心无毒。随着食安风暴横扫、外食习惯普遍，我希望能在书中传达“简单自己做，安心大口吃”的精神。在这本书中，许多食谱经过特别设计后，制作出来的酱料大多少盐、少油、低卡路里，美味兼具健康，绝非外面可购得的，而是独家自制风味。自己做酱料，除了成分透明、更安心外，还能依个人喜好调和出适合自己的口味，不但享受做料理的乐趣，和家人朋友一起享用时，也在无形中拉近彼此的距离，营造满满的幸福。

你大概也想不到，酱料的功用除了平常蘸水饺、火锅料的酱油、甜辣酱以外，还可以有非常多元的变化呢！这本书里介绍了许多最简单、最常见的“美味基础酱”，就算是料理“新人”，也可以快速掌握诀窍，调出一手好酱。书中最精彩的“进阶酱中酱”，让读者只要从简单的基础酱再加几样材料，就可以延伸出更多酱料喔！

许多人问过：“李建轩老师，做菜是你的专业，你写出来的食谱会不会很难啊？”大家完全不需担心，因为教课的关系，我非常清楚许多料理新人常有的困惑。这本食谱在每一个步骤都有详细的图文对照说明，只要跟着步骤做，立刻就能轻松上手！食谱中的“李建轩Stanley小提醒”贴心分享制作酱料的秘诀，所以别紧张、别害怕，抛开退却的想法，只要做就是了！

在日常生活中，我喜欢和家人一起分享做菜的喜悦，当我的两个小女孩放学回家时，一人一句：“爸爸，你今天要煮什么给我们吃？”“爸爸，我也要帮忙一起做菜。”都使我感到满满的幸福。看着她们吃得既开心又满足，我更加相信“自己下厨就是生活中最好的调味料”！

最后，我要感谢各方好友的支持相挺，但愿这本酱料书籍让这份爱的料理持续传递下去！

Contents
目 录

Chapter 01 第一章 制作酱料前必须知道的基础知识

Chapter 02 第二章 料理新手的第一课，掌握零失败的基础酱料

Chapter 03 第三章 三五好友来相聚，创造可口的派对小食

Chapter 04 第四章 夏日炎炎没胃口，清爽健康享蔬食

Chapter 06 第六章 炖煮一锅美味汤品，浓郁汤头自己做

Chapter 07 第七章 自制手工甜品酱，人人都能创造的甜蜜滋味

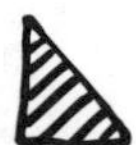

Chapter 01

第一章

制作酱料前必须知道的基础知识

不论是料理新人、料理老手，还是喜欢做菜却害怕失败的人，若在开始学习制作酱料前，能先掌握一些基础知识，料理时就会更加游刃有余。在这一章中，我将介绍给大家我下厨时常用的工具，以及选购调味品和香料的秘诀。此外，我还会教大家三种基础高汤的制作。自制高汤不仅能运用在酱料制作上，还能作为汤底使用。只要照着书中步骤去做，你也能创造出最天然健康的高汤。最后，和大家分享高汤及酱料的保存技巧，让你只要花一次的时间制作，就能在日后料理需要时，随时取用！

制作酱料的常用工具

下列工具都是我料理时最常使用的厨房好帮手。料理新人有了这些工具，从此做菜不再失败！料理好手有了这些工具，更加省时省力，事半功倍！

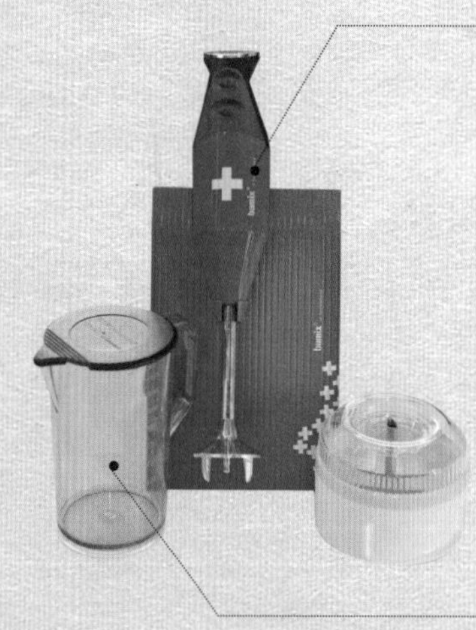

手持料理棒

手握一把料理棒，就可轻松将食材打碎、磨泥、打浆或磨粉，轻松省时又省力！由于酱料分量较小，比起食物料理机或果汁机，手持料理棒更符合小容量的需求。

量杯

量杯对刚入门的料理新人来说，是可以精准计算食材分量的辅助工具。若你已经是料理老手，不用量杯也能凭感觉计算食材添加量。量杯通常以计算液体及食材的分量为主。建议选择透明无色的材质，刻度才看得清楚。目测时，视线要与刻度平行。

小旋风

只要把食材通通丢进小旋风，轻轻一拉，就可以把葱、姜、蒜、辣椒等辛香料迅速搅细！此外，只要盖上保鲜盖，不需要另外准备保鲜盒，就能轻松保存酱料。有了这个省时省力的好工具，再也不用拿刀剁老半天，更不用担心手上残留蒜味、切洋葱切到流泪！

结合磨泥功能的小旋风，实用度加倍！

不粘锅

有了不粘锅，不但料理更省油，也不怕烧焦粘锅！特殊涂层耐草酸且能使食材均匀受热，使用起来更安心，就算无油也不会烧焦，轻松吃出健康，无负担。不论煎、煮、炒、炸，还是熬煮酱汁都非常实用的不粘锅，是料理新人的救星、料理老手的得意帮手！

硅胶铲夹

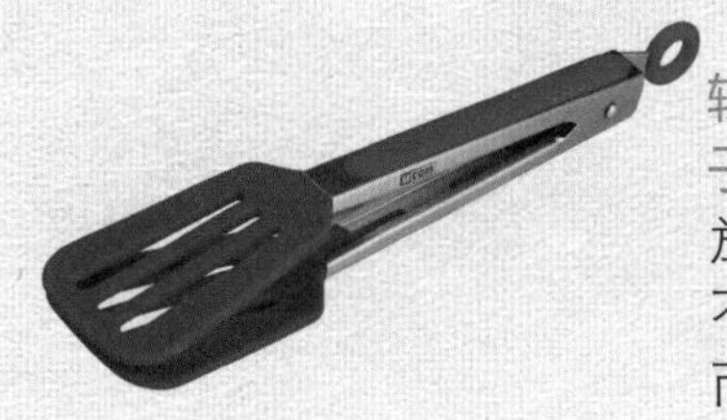

轻便好用的硅胶铲夹，可当锅铲、搅拌勺及夹子，一支抵三支！硅胶材质耐热230℃，不会释放塑化剂，又防烫手，使用加倍安心！料理时，不论香煎、油炸，还是拌炒食材，都非常实用。而且硅胶材质不易刮伤锅，熬煮酱料时，也可以用来搅拌酱汁喔！

打蛋器

搅拌少量食材的好帮手，可将调味料搅拌混合，或是将蛋白打发。虽然手动打蛋器比较费时费力，但比起用汤匙搅拌，打蛋器网状的结构较易拌匀食材。

夹链袋

用夹链袋密封食物可以减少食物和空气接触的机会，是保存酱料及高汤的最佳选择。放进冰箱不但不占空间，还能写上保存期限，非常方便！

煮厨教你选购调味品

调味品的种类上百种，我在下面介绍的这些都是调配酱料最不可或缺的常见调味料！相信许多人都常感到困扰：如何买到比较天然的调味品？开封后又该如何保存？让我来为大家解答这些疑惑，以后去超市就知道怎么选购调味品啦！

中式酱料必备——酱油

色：品质好的酱油在瓶中呈深褐色，倒出在光下则为有透明感的深棕偏红色。
香：品质好的酱油加热时会释放香气，化学酱油则闻起来有一股不天然的刺鼻味。
味：纯酿造酱油甘咸相宜，化学酱油则较单一死咸。

置于常温的酱油，玻璃瓶比塑料瓶的保存期稍长。开封后，酱油容易因接触空气而氧化变味，平时应置于阴暗低温处保存，避免放在阳光直射处或离炉火较近的地方。

西式酱料必备——橄榄油

可依需求选购适用于煎、煮、炒、炸的100%纯橄榄油，或适用于冷拌的原味（Extra Virgin）橄榄油。原味橄榄油若长期接受阳光或日光灯照射，会变为铜色。此时油已变质，不适合使用。

增添酸味的调味料——醋

选购醋时，将瓶子大力一摇，若瓶中气泡久久不散就是纯酿醋，反之则为合成醋。纯酿醋入口会回甘；合成醋则带有呛鼻的味道，入喉时会造成刺激和不适。一般来说，纯酿醋放得愈久，愈容易产生沉淀现象，合成醋则不会。

增加香辣好味的秘诀——辣油

天然辣油色泽呈现淡红色，且加热后颜色快速淡化；添加化学剂的辣油，色泽呈现鲜润红色，加热时颜色变化慢且带有刺鼻味。

东南亚酱料必备——鱼露

鱼露味道带有咸鲜味，颜色略呈琥珀色，常运用于东南亚料理中。原料多以小鱼虾类为主，经过日晒后，加盐腌渍、发酵、熬炼，最后过滤而得到酱汁。

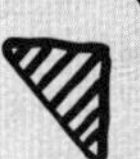

煮厨教你选购香料

下面我挑选出最常见、最容易购得的香料。只要运用这些香料，就能为料理创造出不同的异国风味！

香菜

挑选时，应注意长度不超过20厘米，叶面保持翠绿且无缩叶，梗不折断。这样的香菜品质较佳。

罗勒

罗勒常在意大利料理中制成青酱。和九层塔相比，罗勒的口感较不青涩，气味也较温和。叶子新鲜、无枯黄的品质较佳。

欧芹

在西方的料理中非常重要的欧芹，可用来调制酱料，作为馅料、制成沙拉；在中式料理中，干燥的用来调味，新鲜的则用于盘饰。

月桂叶

具有独特香气的月桂叶，带有辛辣味及苦味，常作为调味品应用于烹饪中，例如煲汤、焖煮食材、炖肉等。购买时，建议选择干燥无破损的。

桂皮

略带辛辣香的桂皮，本身味道较重，添加时须拿捏用量，以免抢味。选购时，应选干燥无发霉、厚薄均匀的。

薄荷

在料理中添加薄荷，可利用其清凉特殊的气味带出整体的风味。当制作酱料时，多用于搭配沙拉的清爽酱汁或用于装饰。叶子新鲜、无发黑的，品质较佳。

学习制作酱料所需的高汤

高汤01

【鸡高汤】

鸡高汤是所有口味的高汤中运用最广的一种，汤底清新且不抢主要风味，不论哪一国的料理，都能添加运用，甚至可以作为汤底，以提升风味。

分量：2～4人份

料理时间：
10分钟（若无快锅或焖烧锅，可使用任何不锈钢汤锅来熬煮，约需1小时）

使用物品：
焖烧锅（若无焖烧锅，也可使用任何不锈钢汤锅代替）、清洗鸡胸骨架的小盆子或容器、硅胶铲夹、纱布

材料：

鸡胸骨架1斤
水2升
胡萝卜1/2根
洋葱1/2个
蒜头5瓣
月桂叶1片

步骤 1 2 3

1 将鸡胸骨架放入清水洗净。
2 略为汆烫，去除脏血水。
3 用硅胶铲夹将汆烫过的鸡骨头夹入盆中。

4	5	6
7	8	9
10		

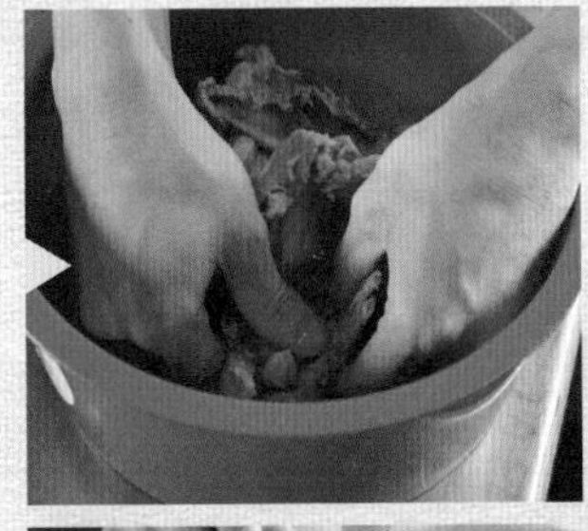
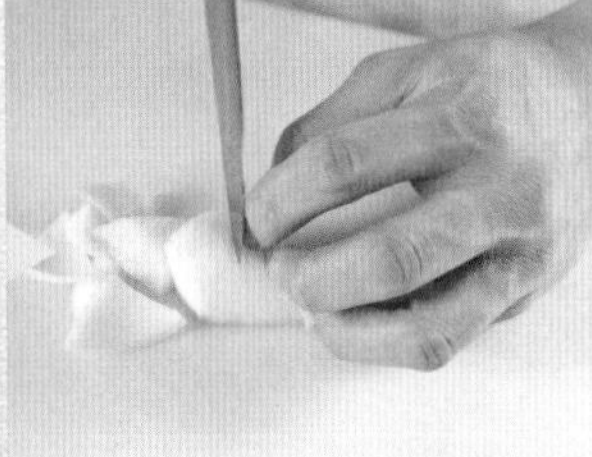
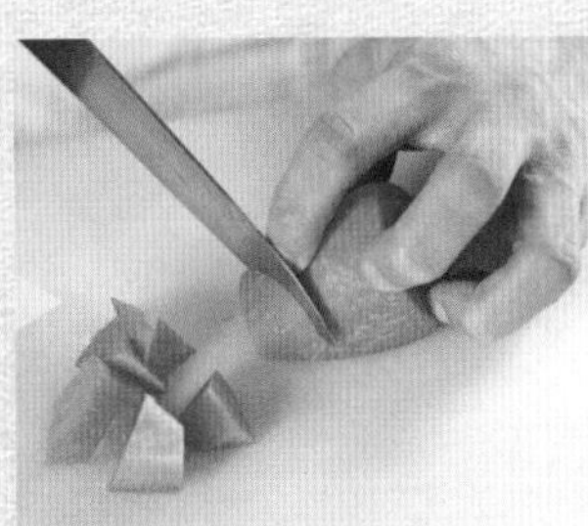

4 用手搓洗鸡骨架表面脏浮沫杂质。
5 将洋葱切块备用。
6 将胡萝卜切块备用。
7 将洗净的鸡骨头放入锅中。
8 将鸡骨头、胡萝卜、洋葱、蒜头、月桂叶及水煮沸，熄火闷20分钟。
9 取一干净的锅铺上纱布，将熬好的高汤倒入纱布过滤。
10 用纱布过滤后即大功告成。

李建轩Stanley小提醒

许多人觉得鸡高汤看起来颜色有点混浊，其实这是正常的现象。在此提供两个让鸡高汤更加清澈的小窍门给大家：

① 熬煮高汤时，随时撇去多余的油分及杂质浮沫。
② 在步骤8中，建议加入冰块，因为冰块温度低，能使加热沸腾速度变慢，促使汤头更加清澈。

鸡高汤运用于本书料理：

沙嗲酱	黑胡椒酱	杂烩锅
铁板臭豆腐	番茄红酱	红咖喱酱
蘑菇酱	青豆酱	香椰海鲜汤

【柴鱼高汤】

柴鱼高汤是日式料理常见的高汤，食材只需柴鱼和昆布，非常容易购得。昆布熬煮出来的汤头颜色略呈黄橙色，在品尝时，舌尖隐约能尝到微微的甘甜香味。

分量：2～4人份

料理时间：
8分钟（若无快锅或焖烧锅，可使用任何不锈钢汤锅代替，熬煮约20分钟）

使用物品：
焖烧锅（若无焖烧锅，也可使用任何不锈钢汤锅代替）、硅胶铲夹、纱布

材料：

柴鱼50克
昆布10厘米
水1升

步骤 1 2 3

1 取湿布将昆布表面擦拭干净。
2 将昆布泡入水中约30分钟。
3 以小火煮至起小水泡。

4	5	6
7		

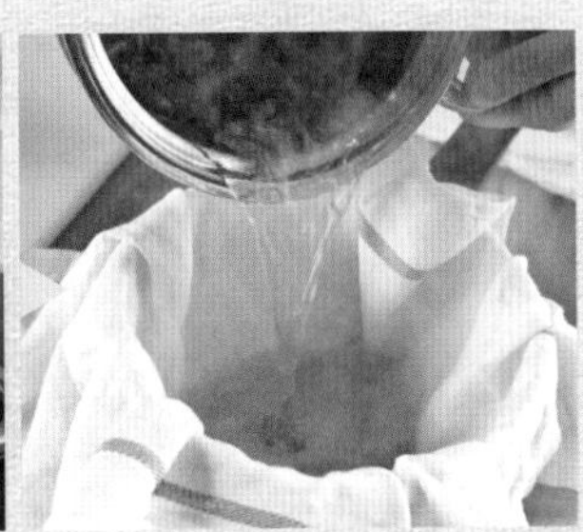

4 用硅胶铲夹取出昆布。
5 趁热向锅内加入柴鱼片并浸泡约2分钟。
6 取一干净的锅铺上纱布，将浸泡的柴鱼片倒入纱布锅中。
7 用纱布过滤即完成。

李建轩Stanley小提醒

① 许多人在购买昆布时，常会看到昆布表面有白色粉状物体，大家千万别误以为买到不新鲜或发霉的昆布。其实昆布表面的白色结晶叫作“昆布粉”，是昆布中的甘露醇析出而成，属自然现象。这些昆布粉正是昆布甘甜味的来源，煮汤时能增加鲜甜味。

② 在上述步骤中，煮昆布及柴鱼时要特别注意，以小火慢炖。若用大火熬煮，易使高汤混浊。

柴鱼高汤运用于本书料理：
渍酱汁
寿喜烧酱汁

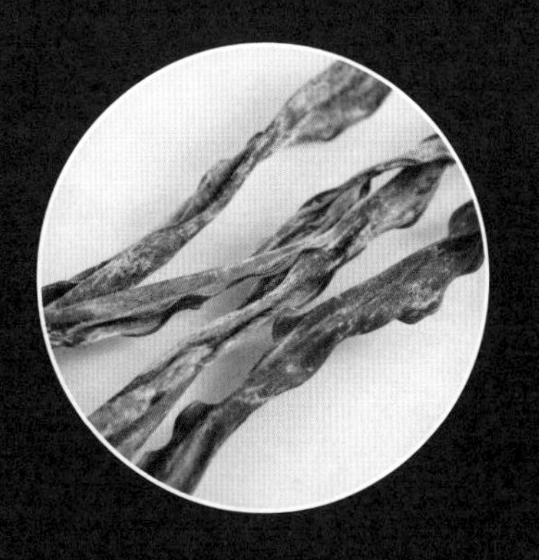

高汤03

【鱼高汤】

鱼高汤中的自然海味是提鲜不可或缺的元素。熬煮高汤添加的蔬菜，可以去除腥味，还能达到提升甜味的效果喔!

★鱼骨头的选择：可采用任何鱼的骨头，若选用鲈鱼骨熬汤，风味更佳!

分量：2～4人份

料理时间：
35分钟
（若使用快锅，煮约3分钟即可完成）

使用物品：
焖烧锅（若无焖烧锅，也可使用任何不锈钢汤锅代替）

材料：

鱼骨头1斤
水2升
洋葱1/2个
西芹1根
蒜头5瓣
月桂叶1片
蒜苗1根
白酒50毫升

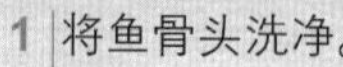

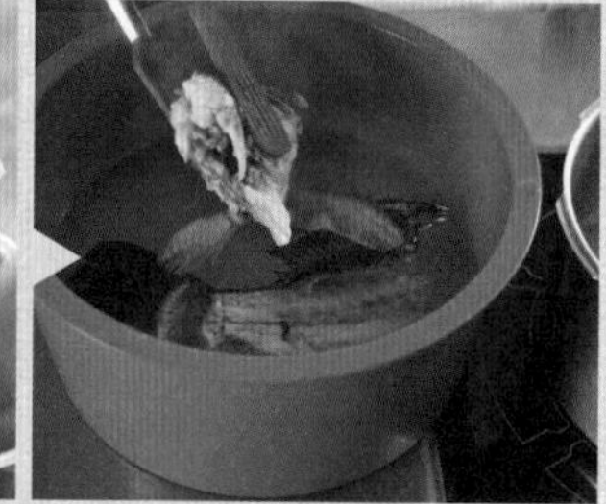

1 将鱼骨头洗净。
2 略为汆烫去除脏血水。
3 用硅胶铲夹将汆烫过的鱼骨头夹入盆中。

4	5	6
7	8	9
10	11	12

4 用手搓洗鱼骨表面脏浮沫杂质。
5 将西芹切成块状备用。
6 将洋葱切成块状备用。
7 将蒜苗切段备用。
8 将洗净的鱼骨头放入锅中。
9 将切好的蒜苗、洋葱、西芹及月桂叶、蒜头放入锅中。
10 加入白酒及水，以小火熬煮35分钟。
11 取一干净的锅铺上纱布，将熬煮的鱼高汤倒入纱布锅中。
12 用纱布过滤即可。

李建轩Stanley小提醒

在步骤10中，熬煮鱼高汤的时间不能超过40分钟，否则会使鲜味流失。建议大家煮35分钟。此外，用电锅蒸熬煮能让汤头更加清澈，因为蒸煮不会使食物在锅中翻滚，从而避免汤头过于混浊。

鱼高汤运用于本书料理：浓郁海鲜汤

Saving tips

高汤和酱料的保存诀窍

高汤的保存诀窍 制冰盒

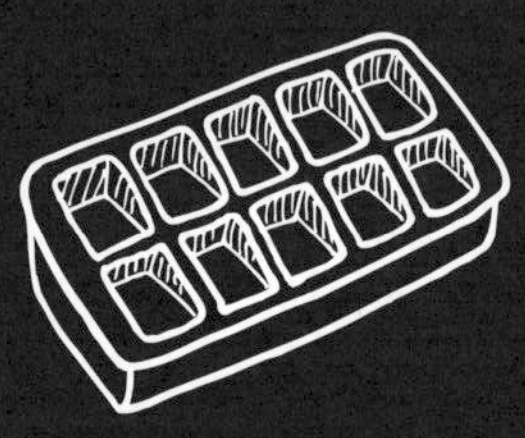

自制高汤虽然花费的时间比较长，但是不含高汤块、味精或是其他化学添加物，绝对让人吃得安心又健康！花费心思制作的高汤只要放在制冰盒中冷冻，日后料理需要时，随时都能取一块来用，非常方便！

李建轩Stanley小提醒：
也可使用夹链袋保存高汤，不但可密封隔绝空气，也较不占冰箱空间。

酱料的保存诀窍 夹链袋

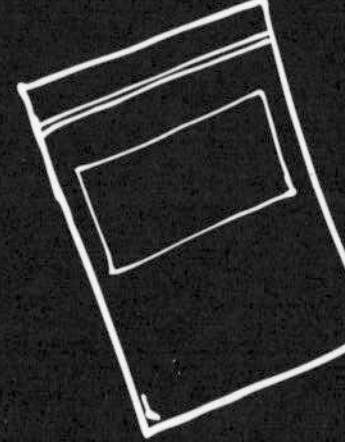

夹链袋是保存酱料的好帮手，不占空间，也能置于冷冻库冷藏。空气中因为有许多杂菌，为了避免使杂菌感染，减少酱料和空气的接触非常重要！在这里特别提供大家“隔水压力法”，利用水的压力挤出空气。即便家中没有真空机，也可以利用这种既简易又省钱的方法保存酱料喔！

步骤1. 倒入酱汁

将容器套上夹链袋并撑开，倒入酱汁。

步骤2. 挤压出空气

准备一个钢盆或大碗，放入5分满的水。再将步骤1中装好酱料的夹链袋隔水放入钢盆或大碗中，利用水的压力挤压袋中的空气。最后密封夹链袋就完成啦！

酱料的保存诀窍 玻璃罐

玻璃罐适合保存于冷藏冰箱的酱料类，利用滚烫的沸水消毒罐子，能够达到杀菌的功效，以利酱料的保存。

步骤1. 用沸水消毒罐子

步骤2. 倒入酱汁

李建轩Stanley小提醒：

❶ 别忘了在夹链袋及玻璃罐外标示酱料制作日期喔。

❷ 酱料冷却后才能密封，避免留下蒸汽。

❸ 开封后尽早食用完毕。

❹ 玻璃罐清洗后可重复使用，夹链袋用完即丢，不宜重复使用。

Chapter 02

第二章

料理新手的第一课，掌握零失败的基础酱料

在这一章里，我将介绍最常见且最容易上手的基底酱。这些酱料是中式、西式、日韩及东南亚酱料中最基础的必备酱料，大家只要学会这些基底酱，便能掌握本书大部分的酱汁喔！

【甜酱油】

不管是料理时运用在烧、煮、炒等烹饪手法上，还是作为腌料及蘸酱，甜酱油都是厨房万用的好帮手！

分量：2～4人份

料理时间：30分钟

使用物品：
不粘锅、滤网

材料：

姜30克
葱2根
桂皮30克
带皮蒜头3瓣
酱油600毫升
冰糖300克

步骤 1 2

1 将拍扁的葱、姜、带皮蒜头、酱油及冰糖放入锅中，加入桂皮，以中火煮沸后，再转小火熬煮30分钟至浓稠。

2 取滤网过滤即可。

甜酱油运用于本书料理：
蒜泥酱

传承人文荟萃的千年智慧 中式酱料

【番茄酱】

自制的番茄酱不含化学添加物，且制作时不另外加盐，可以降低钠的含量，达到健康无害的效果。

分量：2～4人份

料理时间：8分钟

使用物品：

不粘锅、手持料理棒（若无料理棒，也可使用任何果汁机或食物料理机）、硅胶铲夹

材料：

番茄3个

柠檬1个

冰糖50克

步骤

1	2	3
4	5	6
7		

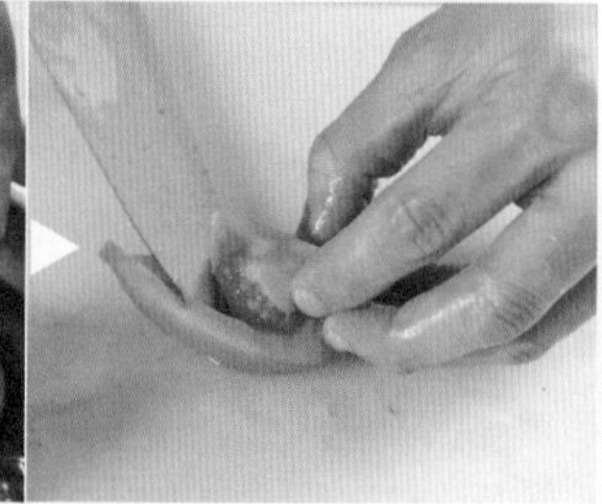

★将番茄去皮去籽是为了成品美观，将番茄均匀打成酱，避免酱中掺杂番茄籽与细碎番茄皮。

1 烧沸水锅。
2 将切十字的番茄放入不粘锅烫煮10秒钟。
3 再以硅胶铲夹取出烫好的番茄至冰水中浸泡备用。
4 将泡过冰水的番茄去皮。
5 用刀将去皮的番茄去籽去瓤。
6 以手持料理棒打成泥备用。
7 取不粘锅，将番茄泥、柠檬汁及冰糖搅拌煮至浓稠即可。

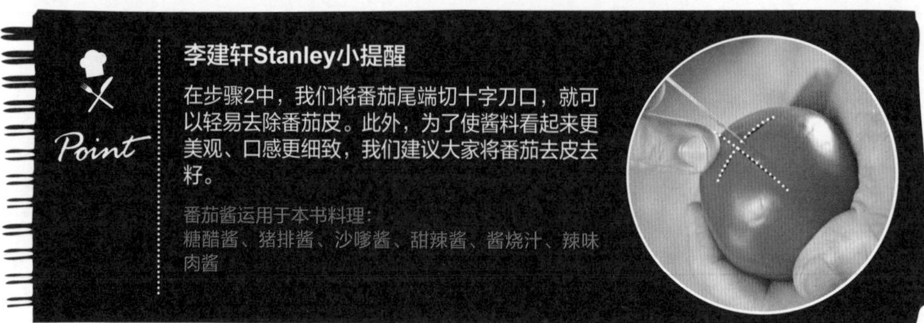

Point

李建轩Stanley小提醒

在步骤2中，我们将番茄尾端切十字刀口，就可以轻易去除番茄皮。此外，为了使酱料看起来更美观、口感更细致，我们建议大家将番茄去皮去籽。

番茄酱运用于本书料理：
糖醋酱、猪排酱、沙嗲酱、甜辣酱、酱烧汁、辣味肉酱

【热炒酱】

大火快炒海鲜或肉类时，加入一勺自制热炒酱，保证好吃到让你意犹未尽。

分量：2~4人份

料理时间：2分钟

材料：

蚝油3大匙
酱油膏1大匙
黄糖1大匙
梅林辣酱油1大匙
胡椒粉1/4小匙

步骤 1 2

1 在碗中加入梅林辣酱油、黄糖、酱油膏、蚝油与胡椒粉。

2 将所有材料拌匀即可。

热炒酱运用于本书料理：
酱烧汁

【糖醋酱】

自制番茄酱再加入其他食材，就能调配出适合自己的专属糖醋酱。

分量：2～4人份

料理时间：3分钟

使用物品：
不粘锅、硅胶铲夹

材料：

番茄酱5大匙	开水5大匙
白醋5大匙	沙拉油1大匙
黄糖5大匙	盐1/4小匙

步骤 1 2

1 起锅入油，先将番茄酱倒入不粘锅，以硅胶铲夹拌炒。

2 再加入黄糖、开水、白醋及盐，搅拌煮至浓稠即可。

Point

李建轩Stanley小提醒

让番茄酱颜色更漂亮的秘诀很简单，在步骤2中，把白醋加入番茄酱中，加热番茄酱与白醋，不但能让酱料的颜色更红润，还能让味道更温和！

糖醋酱运用于本书料理：
腐乳豆瓣酱
菊花嫩鸡球

【葱油汁】

香气逼人的葱油，加上自己炸的香脆油葱酥，搭配清爽凉拌菜，可提升入口咀嚼的层次感喔！

分量：2～4人份

料理时间：8分钟

使用物品：不粘锅、滤网

材料：

红葱头50克　盐1小匙

沙拉油150毫升　黄糖1/2小匙

香油20毫升

步骤 1 2

1 以冷油（刚放入锅中还未加热的油）将红葱头片以小火慢炸至酥脆，即可过滤待凉备用。

2 滤出的葱油趁热加入盐及糖，将冷却的酥炸红葱头片洒进葱油中即完成。

Point

李建轩Stanley小提醒

① 在步骤2中，因香油是冷压油脂，属于发烟点低的油类，加入耐高温的沙拉油混油能提高发烟点，油炸时才不易变质。

② 红葱头片炸好时，色泽略呈金黄透明，此时应迅速捞入滤网内，放到盘子上摊凉，避免油炸过的红葱酥产生热气使其受潮回软。

油葱汁运用于本书料理：
青葱酱

【蛋黄酱】(美乃滋)

蛋黄酱又称美乃滋，运用在沙拉、前菜或炸物上，都是很好的搭配选择。

分量：2～4人份

料理时间：3分钟

使用物品：

手持料理棒（若无料理棒，也可使用任何搅拌工具）

材料：

蛋黄1个

柠檬1片　盐1/4小匙

沙拉油300 毫升　黄糖1/4小匙

步骤 1 2

1 将蛋黄、柠檬、盐及糖倒入碗中，以手持料理棒搅拌至淡黄色。

2 再慢慢加入沙拉油持续搅拌，打发至浓稠膨胀即可。

Point

李建轩Stanley小提醒

制作蛋黄酱时，蛋黄应取自常温保存的鸡蛋（或将冰箱鸡蛋置于室温退冰），常温保存的鸡蛋能更顺利的打发至膨胀的状态。

蛋黄酱运用于本书料理：

塔塔酱

胡麻酱

【油醋汁】

选用品质好的橄榄油，搭配各式的水果醋，运用2：1的黄金比例，就能调配出完美的油醋汁。

分量：2~4人份

料理时间：1分钟

材料：

橄榄油100毫升

巴沙米可醋50毫升

步骤 1 2

1 将巴沙米可醋倒入容器中。

2 将橄榄油慢慢加入巴沙米可醋中，搅拌均匀即可。

Point

李建轩Stanley小提醒

油醋汁只需将两种材料加在一起搅拌，做法虽然看似简单，但需特别注意，添加橄榄油的速度及量均会影响油醋汁的浓稠度。

油醋汁运用于本书料理：

意大利油醋汁

炉烤野菜盘

【渍酱汁】

以日式糖醋概念制成的渍酱汁，吃起来酸酸甜甜的。日式料理就常将鱼类或肉类炸过后，再浸渍此酱汁食用。入口时，肉质香味和醋的酸味相互辉映，口感清爽不油腻，令人一吃就停不下来!

分量：2~4人份

料理时间：2分钟

事前准备：
完成柴鱼高汤制作

使用物品：不粘锅

材料：

柴鱼高汤200毫升　味淋50毫升
酱油1大匙　黄糖50克
白醋100毫升

步骤 1 2

1 将黄糖、味淋、白醋、酱油及柴鱼高汤倒入不粘锅中。

2 以木匙轻轻搅拌，熬煮至糖溶化即可。

渍酱汁运用于本书料理：
海鲜卤汁

品尝独门经典的别样滋味 日韩酱料

【照烧酱】

带有甜咸香气的浓郁照烧酱，是搭配炙烧烤物的最佳选择。

分量：
2~4人份

料理时间：
23分钟

使用物品：
不粘锅、滤网、食物剪刀

材料：

鸡胸骨架1副
酱油200毫升
米酒200毫升
冰糖100克
麦芽糖50克
柴鱼片20克

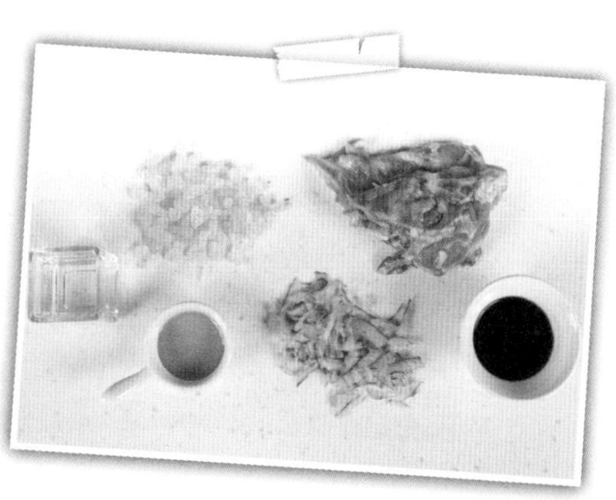

1 鸡胸骨架以食物剪刀剪小块备用。
2 将酱油倒入不粘锅中。
3 加入麦芽糖和冰糖。
4 撒上柴鱼片。
5 加入米酒后，再将步骤1剪好的鸡胸骨架块放入锅中。
6 熬煮时以木匙持续轻轻搅拌，将所有材料煮至沸腾。然后转小火熬煮约20分钟至浓稠状。
7 最后以滤网过滤即可。

李建轩Stanley小提醒

日式照烧酱因为结合冰糖与麦芽糖，所以口味偏甜，在熬煮酱汁时要特别注意，酱油加热过头容易变焦变苦，麦芽糖也容易粘锅烧焦，所以过程中需要随时搅拌。

照烧酱运用于本书料理：猪排酱

品尝独门经典的别样滋味 日韩酱料

【韩式烤肉酱】

带有水梨果香的韩式烤肉酱汁，加上炒香的白芝麻，尝起来甜甜的，是搭配煎烤肉类的最佳拍档！

分量：2～4人份

料理时间：5分钟

使用物品：不粘锅、手持料理棒（若无料理棒，也可使用果汁机或食物料理机）

材料：

去皮蒜头1瓣
嫩姜1小块
洋葱1/8个
水梨1/8个
麻油1/2大匙
白芝麻1/2大匙
酱油4大匙
味淋2大匙
黄糖1大匙
水4大匙
玉米粉1小匙
月桂叶1片

1 将酱油、味淋、黄糖、玉米粉、月桂叶及水调匀。
2 煮开后捞除月桂叶。
3 将蒜头、嫩姜、洋葱及水梨放入手持料理棒的容器。
4 接着用手持料理棒打成泥备用。
5 另取不粘锅，将白芝麻倒入拌炒，炒至白芝麻颜色转黄，略带焦香味。
6 将步骤2煮开的酱汁及步骤4打成泥的材料加入锅中，与炒香的白芝麻混合均匀。
7 最后加入麻油搅拌即可完成。

李建轩Stanley小提醒

因为水梨与洋葱本身就有甜味，建议大家将步骤1的黄糖及味淋依个人喜好的甜度斟酌添加。此外，步骤5中炒香白芝麻可提升酱汁整体香气。拌炒时需以木勺翻动，以免烧焦。

韩式烤肉酱运用于本书料理：
韩式辣炒酱

享受热情奔放的酸甜美味 东南亚酱料

【泰式甜辣酱】

酸酸甜甜略带辣味的泰式甜辣酱，不论拌炒、腌渍食材，或作为蘸酱，都是让料理加分的元素。

分量：2～4人份

料理时间：3分钟

使用物品：

不粘锅、小旋风

（若无小旋风，可使用刀具将材料切碎）

材料：

红辣椒2个
柠檬半个
白醋200毫升
黄糖150克
水400毫升
太白粉2大匙

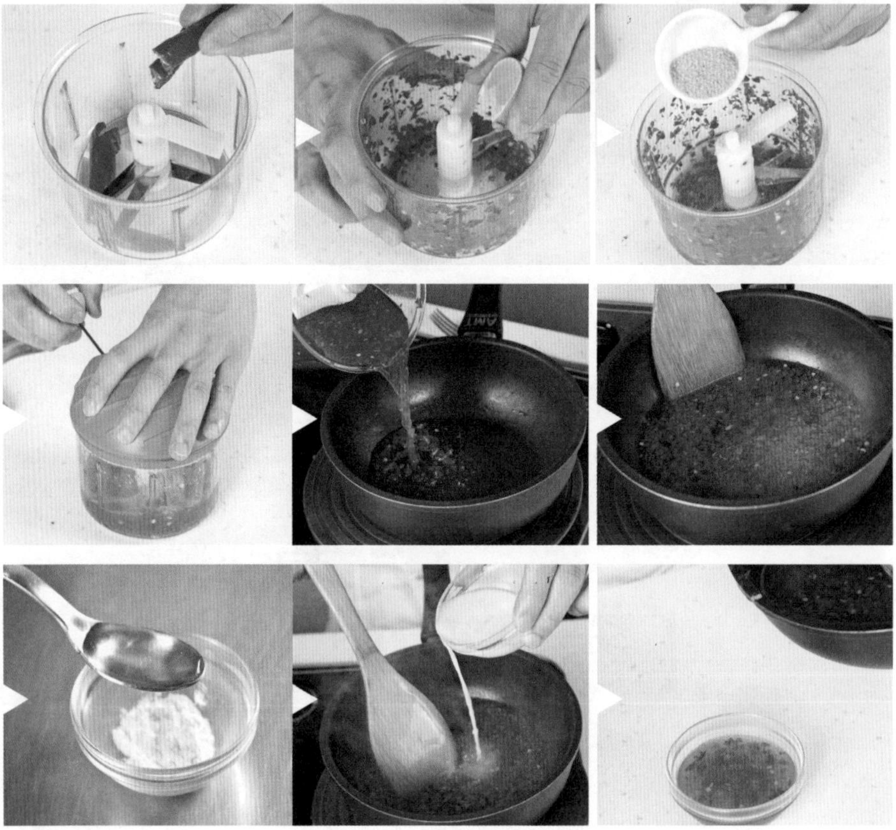

1 将红辣椒以小旋风切碎。
2 加入白醋、柠檬汁。
3 加入水400毫升、黄糖。
4 用小旋风均匀混合食材。
5 将小旋风中的辣椒汁倒入不粘锅中。
6 以小火煮开至糖溶化。
7 另取一容器加入2大匙太白粉及2大匙水，用汤匙搅拌均匀。
8 慢慢淋入步骤7的太白粉水勾芡。
9 搅拌均匀后，将酱汁倒出放凉即可完成。

李建轩Stanley小提醒

步骤7的“太白粉水”是亚洲料理中最常见的勾芡方法，太白粉和水的调配比例是1：1，以一般大小的汤匙为基准，将两大匙的太白粉及两大匙的水加入碗中，搅拌均匀即完成。

泰式甜辣酱运用于本书料理：酸辣酱

【咸鲜汁】

独具东南亚风味的特殊酱汁，咸中带鲜，是东南亚料理中不可或缺的万用好帮手。

分量：2~4人份
料理时间：5分钟
使用物品：不粘锅

材料：

罗望子30克　蚝油2大匙
椰糖30克　柠檬半个
黄糖30克　鱼露3大匙

步骤 1 2

1 在不粘锅中加入罗望子、蚝油、鱼露、黄糖与椰糖。
2 挤入柠檬汁，将所有材料搅拌熬煮，至糖溶化即可完成。

Point

李建轩Stanley小提醒

椰糖拆封使用前可先略微泡热水融化，这样比较容易挖取。

咸鲜汁运用于本书料理：
梅子酱

Chapter 03 第三章

三五好友来相聚，创造可口的派对小食

制作简单的咸食小点心，不论是招待亲友，还是帮孩子做便当，都是很好的选择。这一章教大家如何举一反三，制作出许多进阶酱中酱。大家都能依照自己的喜好进行调配，并运用在千变万化的料理中！

【腐乳豆瓣酱】

糖醋酱再升级▶ 从糖醋酱衍生的中式经典酱料，添加豆腐乳的甘甜味及豆瓣酱的咸香味，完美结合出色、香、味俱全的独门酱料，保证让你口水直流。

分量：
2～4人份

料理时间：
3分钟

事前准备：
完成糖醋酱制作

使用物品：
不粘锅、小旋风（若无小旋风，也可使用刀具将材料切碎）

材料：

去皮蒜头1瓣
姜10克
糖醋酱3大匙
豆腐乳1块
豆瓣酱2大匙
黄糖1小匙
开水6大匙

步骤

1	2	3
4	5	6
7		

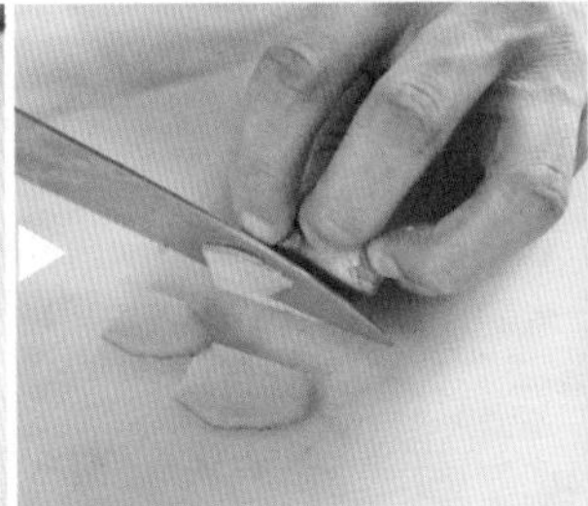

1 将蒜头用小旋风切碎备用。
2 将姜切片备用。
3 起锅干炒爆香蒜碎及姜片。
4 加水萃取出香味。
5 加入豆瓣酱。
6 加入豆腐乳及黄糖。
7 最后加入糖醋酱，用小火煮成酱汁即大功告成。

Point

李建轩Stanley小提醒

许多人常担心酱料太油腻。自制酱料的好处就在于我们能够依自己的喜好，调出最适合个人口味的酱料！在步骤4中，建议大家利用水取代油爆香。这样不但尝起来更清爽，也比较健康。

Delicious

美味搭配

菊花嫩鸡球

示范搭配酱料：糖醋酱

现炸鲜嫩多汁的鸡肉球，再搭配自制酱料，让每个人吃了意犹未尽，巴不得再来一盘！在此，我们以糖醋酱示范搭配。白醋的酸味能够解油腻、平衡口中的味觉。如果不喜欢吃太甜，搭配偏咸的腐乳豆瓣酱、热炒汁或酱爆汁也是很好的选择。

分量：**1～2人份**

料理时间：**12分钟**

事前准备：
完成糖醋酱制作

使用物品：
不粘锅、硅胶铲夹、小旋风（若无小旋风，也可使用刀具将材料切碎）

材料：

鸡胸肉1副
小黄瓜1/2条
蒜头1瓣
葱1根
红辣椒1/2支
花椒粒2克
糖醋酱5大匙
胡椒粉1/6小匙
香油1小匙
盐1/2小匙
米酒1大匙
水3大匙
面粉3大匙
太白粉2大匙

步骤

1	2	3
4	5	6
7	8	9
10	11	12

0.5厘米

1 将小黄瓜切菱形片。
2 将红辣椒切菱形片烫熟。
3 葱切段备用。
4 蒜头以小旋风切碎备用。
5 将鸡胸肉修整平。
6 横切鸡肉（深度过半不切断），每刀间隔0.5厘米。（如图中红箭头）
7 接着切出深度过半的格子状十字刀（如图中红箭头），再切出4×4厘米的若干鸡肉块。
8 将盐、胡椒粉、米酒、水和鸡肉块加入碗里。
9 将鸡肉块和腌料抓匀备用。
10 把面粉及太白粉混合均匀。
11 将鸡肉块均匀沾裹混合粉料。
12 以手抓住鸡肉块的四个角（捏成球状），稍待回潮，使粉料吸附在鸡肉上。

13	14	15
16	17	18

13 将鸡球分别入锅油炸（手先抓着四个角，稍炸至定型再松手）。

14 鸡球炸至熟透并上色后，取出沥干备用。

15 另起锅入油，爆香葱白段、蒜碎及花椒粒。

16 再加入糖醋酱及香油。

17 将炸熟的鸡球放入。

18 接着将小黄瓜、红辣椒及葱段入锅，拌炒均匀即可完成。

Point

李建轩Stanley小提醒

只要运用一点小巧思，美味的炸鸡球就能做出花的形状，兼具美味与美观，是非常适合宴请亲友时摆上桌的得意好菜！制作这道料理时，只要注意以下两点小提醒，就能让你的成品更完美。

❶ 在步骤6、步骤7鸡肉切十字刀时，皮面朝上切割，成型的完整性较佳。

❷ 步骤9腌肉时加入水（也就是业界常说的“打水”），有助于提升肉的嫩度。

也可搭配本书其他酱料：腐乳豆瓣酱、热炒酱、酱爆汁

TWEET
OF A
FEATHER
Royal Postal Services
79

【塔塔酱】

蛋黄酱再升级

微酸中衬出水煮蛋香气的塔塔酱，是炸物、海鲜类沾酱的最佳选择，绝对不能错过喔！

分量：
2~4人份

料理时间：
2分钟

事前准备：
完成蛋黄酱制作

使用物品：
不粘锅、小旋风
（若无小旋风，可使用刀具将材料切碎）

步骤

1	2
3	4
5	6

材料：

蛋黄酱（美乃滋）100克
洋葱30克
酸黄瓜20克
欧芹2克
黄柠檬半个
鸡蛋1枚
盐适量
白胡椒粉适量

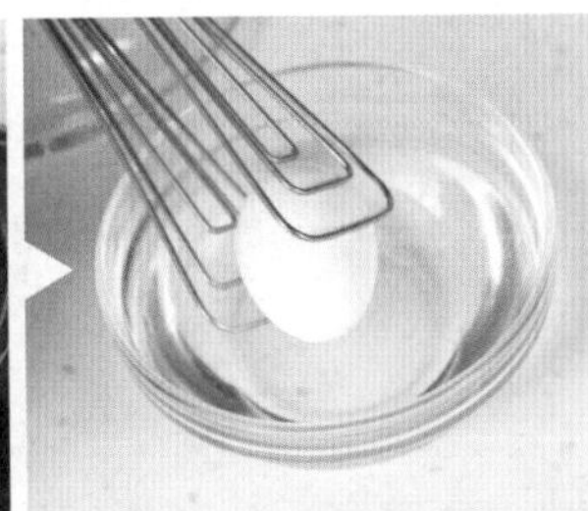

Point

李建轩Stanley小提醒

食材中的柠檬选用黄色或绿色皆可。一般来说，黄柠檬味道较温和，青柠檬较酸，大家可依自己喜好选择。此外，煮水煮蛋时，鸡蛋勿煮过熟，以免蛋黄变黑。

塔塔酱运用于本书料理：
凯撒酱
英式炸鱼柳

1. 将鸡蛋与冷水放至不粘锅中水煮，水开后再转小火煮10分钟。
2. 取出水煮蛋，泡冷水，待凉备用。
3. 将洋葱、酸黄瓜放入小旋风拉碎。
4. 将去壳水煮蛋放入小旋风拉碎。
5. 将蛋黄酱及欧芹放入小旋风拉碎。
6. 加入盐、白胡椒粉与柠檬汁，以小旋风均匀混合即可完成。

【凯撒酱】

塔塔酱再升级

加入多元食材的凯撒酱，入口层次更丰富，是搭配生菜沙拉的绝佳组合！

分量：
2~4人份

料理时间：
2分钟

事前准备：
完成塔塔酱制作

使用物品：
小旋风（若无小旋风，也可使用刀具将材料切碎）

材料：

塔塔酱100克	芥末籽酱1小匙
蒜头1瓣	帕玛森干酪粉15克
鳀鱼15克	黄糖适量

1 将蒜头和鳀鱼以小旋风切碎。

2 加入塔塔酱、帕玛森干酪粉、芥末籽酱及糖，以小旋风搅拌均匀成酱，即可完成。

Delicious

美味搭配

英式炸鱼柳

示范搭配酱料：塔塔酱

香酥美味、嫩中带鲜的现炸鱼柳，沾裹自制的塔塔酱，风味绝佳。塔塔酱微酸，含蛋香，美味又解腻。大家也可以依个人喜好，改搭浓郁的蛋黄酱、凯撒酱或墨西哥风味的酸辣莎莎酱。

分量：
2~4人份

料理时间：
6分钟

事前准备：
完成塔塔酱制作

使用物品：
不粘锅、打蛋器、手持料理棒（若无料理棒，可使用任何搅拌工具）

材料：

鲑鱼200克
金橘1个
综合生菜50克
橄榄油1大匙
盐少许
胡椒少许
白酒1大匙
面粉50克
太白粉20克
鸡蛋1枚
水50毫升
塔塔酱80克

1 将金橘切片。
2 将鲑鱼切成条状。
3 将条状鲑鱼加入白酒。
4 撒上盐及胡椒略腌备用。
5 将蛋黄、蛋白分开。
6 将蛋黄拌入面粉、太白粉及水。

7	8	9
10	11	12
13		

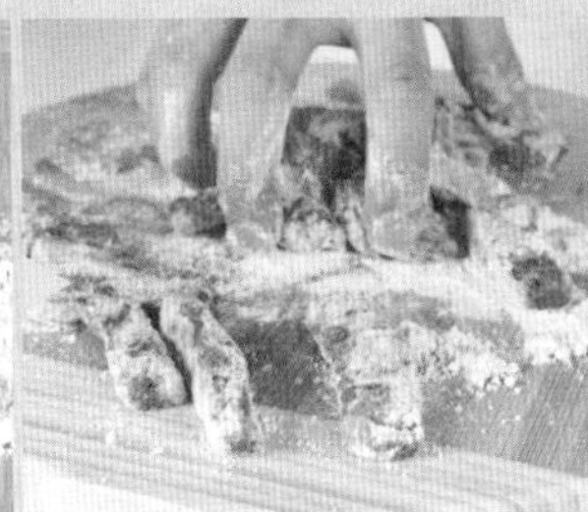
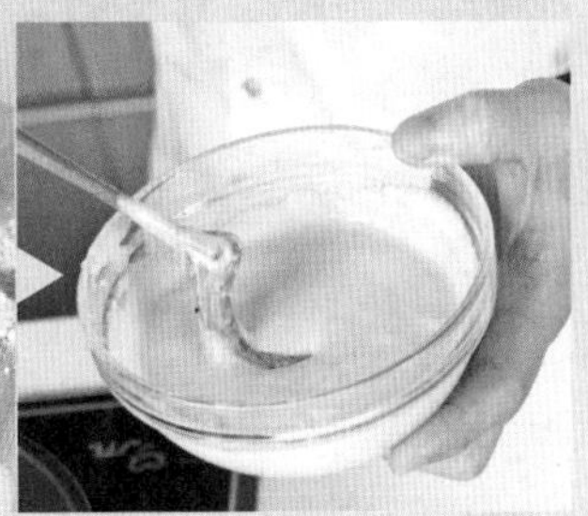

7 以打蛋器快速拌匀。
8 以手持料理棒将蛋白打发。
9 将打发的蛋白拌入步骤7的面糊备用。
10 起油锅，鲑鱼条蘸上少许面粉。
11 用手混合鲑鱼条和面粉。
12 再均匀蘸上面糊，入油锅180℃炸约2分钟。
13 鲑鱼条呈金黄色熟透即可取出。将炸好的鱼条排盘，附上生菜、金橘片及塔塔酱即可完成。

Point

李建轩Stanley小提醒

在这道英式炸鱼柳中，我将食谱调整为较健康天然的做法，因此炸鱼柳口感稍软，你也可以依自己喜好稍做调整。以下提供两点小提醒供大家参考。

❶ 以打发的蛋白取代泡打粉等化学添加物，对身体较健康。
❷ 在步骤6中可添加一大匙的橄榄油拌匀，使炸鱼条的口感更酥脆。

也可搭配本书其他酱料：蛋黄酱、凯撒酱、莎莎酱

【猪排酱】

照烧酱再升级 ▶ 酸中带甜的猪排酱，搭配香酥可口的日式炸猪排，不但清爽解腻，还能提升整体风味喔！

分量：
2~4人份

料理时间：
1分钟

事前准备：
完成番茄酱与照烧酱制作

材料：

照烧酱5大匙
中浓酱汁5大匙
番茄酱3大匙

1 2

1 将照烧酱、中浓酱汁及番茄酱倒入碗中。
2 搅拌均匀即可完成。

猪排酱运用于本书料理：
日式大阪烧

美味搭配

日式大阪烧

示范搭配酱料：
猪排酱与蛋黄酱

日式大阪烧，香煎后外酥内软。趁热撒上满满柴鱼片，上升的热气使柴鱼片轻巧地跳起舞来，在视觉及味觉上都是一大享受！除了日式照烧酱，喜欢韩式口味的人也可以改搭本书的韩式辣炒酱，轻松创造出截然不同的风味！

分量：1～2人份

料理时间：8分钟

事前准备：
完成蛋黄酱、猪排酱制作

使用物品：
不粘锅、小旋风（若无小旋风，可使用刀具将材料切碎）

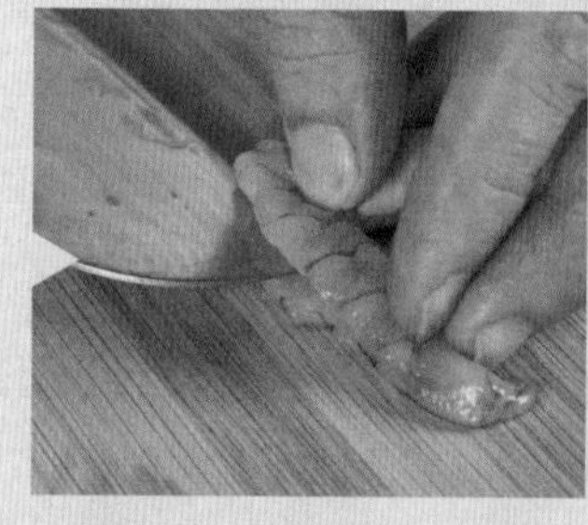

材料：

卷心菜80克
洋葱1/4个
胡萝卜1/6个
葱1根
虾仁6只
花枝1/4枝
火锅猪肉片6片
面粉1杯
鸡蛋2枚
盐1小匙
研磨胡椒1/4小匙
柴鱼片10克
蛋黄酱30克
猪排酱1大匙

1 将胡萝卜、洋葱及葱放入小旋风。
2 再放入卷心菜。
3 用小旋风将蔬菜切碎。
4 花枝切丁备用。
5 虾仁去肠泥。
6 取大容器将上述切好的食材倒入。

7	8	9
10	11	12
13	14	15

7 加入鸡蛋。
8 加入面粉。
9 加入盐及胡椒调味。
10 均匀搅拌食材。
11 取不粘锅，热锅后倒少许油，再转中小火倒入面糊，压扁平，约2厘米厚。
12 在上方铺上火锅肉片。
13 等边缘有点金黄色再翻面煎至熟透即可（可盖锅盖加快煎熟的速度）。
14 盛盘后依序淋上猪排酱及蛋黄酱。
15 最后撒上柴鱼片即可完成。

Point

李建轩Stanley小提醒

本食谱以少油、少盐的健康饮食标准来设计，若想吃香气更浓重的口味，可将洋葱碎、葱花、胡萝卜、虾仁丁及花枝丁先以油炒香。这种做法不但可以增添风味、还能缩短最后煎熟的时间。

也可搭配本书其他酱料：
照烧酱、韩式辣炒酱

【梅子酱】

咸鲜汁再升级▸ 通过加热食材孕育出梅子清香的美味酱料，咸甜中带微酸，搭配炸物不但增香提味，还能解腻。

分量：2～4人份

料理时间：3分钟

事前准备：完成咸鲜汁制作

使用物品：不粘锅、小旋风（若无小旋风，可使用刀具将材料切碎）

材料：

咸鲜汁150毫升

梅子50克

水50毫升

步骤 1 2

1 将梅子去籽取梅肉后，以小旋风碎成泥备用。

2 将梅子碎泥放入不粘锅并加入水和咸鲜汁，以木匙轻轻搅拌，用小火熬煮成酱汁即可完成。

梅子酱运用于本书料理：
月亮鲜虾饼

Delicious
美味搭配

月亮鲜虾饼

示范搭配酱料：梅子酱

咀嚼刚煎好的酥脆鲜虾饼，口中散发虾的鲜甜味，再沾上略带酸味的梅子酱，清爽又解腻。大家也可依自己喜好，搭配本书东南亚风味的泰式甜辣酱、咸鲜汁及酸辣酱。

分量：
2~4人份

料理时间：
8分钟

事前准备：
完成梅子酱制作

使用物品：
不粘锅、餐巾纸、硅胶铲夹、小旋风（若无小旋风，可使用刀具将材料切碎）

步骤

1	2
3	4
5	6

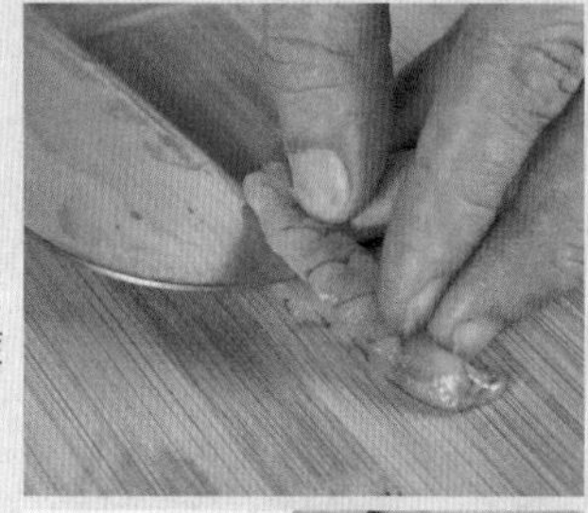

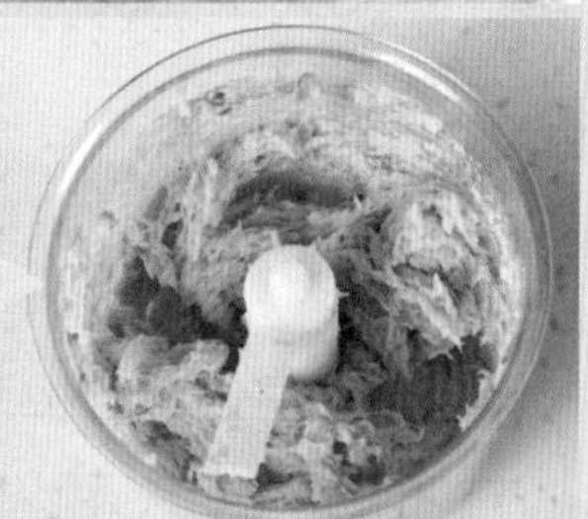

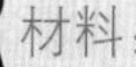材料：

草虾仁250克
猪板油30克
春卷皮2张
胡椒粉1/4小匙
盐1/4小匙
梅子酱100克

1 草虾仁去除肠泥，洗净后擦干水分。
2 将草虾仁放入小旋风。
3 接着放入猪板油，以小旋风剁成泥。
4 加入盐及胡椒拌匀。
5 取一张春卷皮（粗面朝上），将打碎的虾泥平均铺平。
6 再盖上另一张春卷皮（光滑表面朝外）。

7	8	9
10	11	12

7 用叉子在饼皮表面戳洞。
8 起油锅，油温180℃，炸3~5分钟。
9 炸至两面金黄酥脆时，以硅胶铲夹取出。
10 用餐巾纸吸油。
11 将月亮鲜虾饼切片。
12 淋上梅子酱即可完成。

李建轩Stanley小提醒

美味的月亮鲜虾饼做法简易，切成一口大小，再撒上香菜点缀，非常适合作为派对上的轻食点心。下面提供大家两个小提醒，让你煎出零失败的完美鲜虾饼。

❶ 以叉子于饼皮表面戳洞，可增加热油的穿透、避免表面膨胀，同时能加快饼皮煎炸速度。

❷ 春卷皮以粗面朝内包覆食材，光滑面朝外，易使饼皮表面煎得更平整漂亮。

也可搭配本书其他酱料：泰式甜辣酱、咸鲜汁、酸辣酱

【沙嗲酱】

结合各式辛香料与花生酱的香辣沙嗲酱，搭配串烧烤肉别有一番风味。

分量：2～4人份

料理时间：5分钟

事前准备：
完成鸡高汤、番茄酱、红咖喱酱制作

使用物品：
不粘锅、手持料理棒、硅胶铲夹（若无料理棒，也可使用刀具切碎，再以汤匙拌匀）

步骤

1	2
3	4
5	6

材料：

红葱头3个
去皮蒜头3瓣
红辣椒1/2个
姜1小块
番茄酱2大匙
红咖喱酱4大匙
香茅3克
罗望子15克
粗粒花生酱4大匙
椰浆3大匙
糖1大匙
油2大匙
鸡高汤200毫升

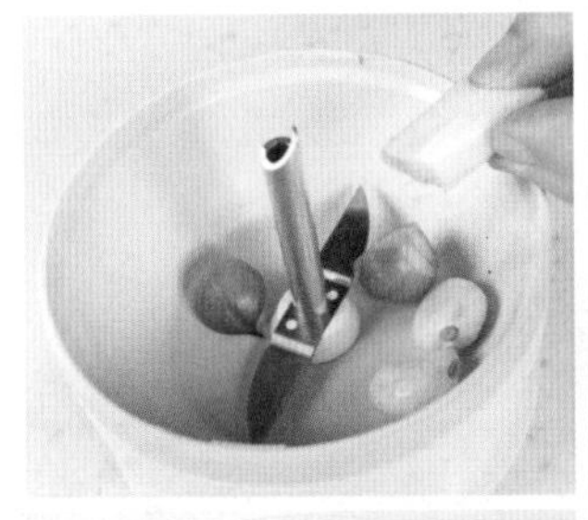

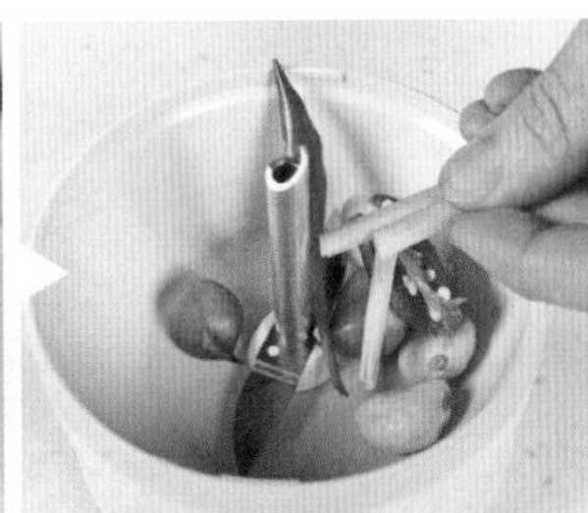

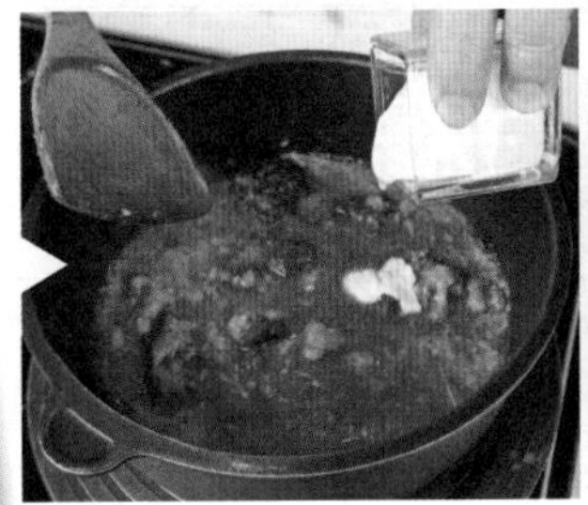

1 将去皮蒜头、红葱头、姜放入手持料理棒容器。
2 接着将红辣椒及香茅放入。
3 将材料用手持料理棒打成碎泥。
4 起锅入油，将步骤3材料炒香。
5 熄火后再倒入其余材料（番茄酱、红咖喱酱、罗望子、粗粒花生酱、糖、鸡高汤、椰浆）拌匀。
6 开小火，以硅胶铲夹搅拌均匀，至沸腾即可完成。

李建轩
Stanley小提醒

加入椰浆时，应在未开火的状况下加入拌匀再开火，以避免椰浆中的蛋白质分离。

沙嗲酱运用于本书料理：
烤肉串烧

【海鲜胡椒酱】

香中带辣的自制酱料，入口散发的胡椒辛香味，让美味层次提升到最高点。

分量：2～4人份

料理时间：5分钟

使用物品：
不粘锅、小旋风、硅胶铲夹
（若无小旋风，可使用刀具将材料切碎）

步骤

1	2
3	4
5	6

材料：

红葱头3个
去皮蒜头3个
洋葱1/6个
姜1小块
黑胡椒粉2大匙
红椒粉1小匙
胡荛籽粉1小匙
（或以少许香菜切碎取代）
蚝油5大匙
黄糖2大匙
酱色1小匙
油2大匙

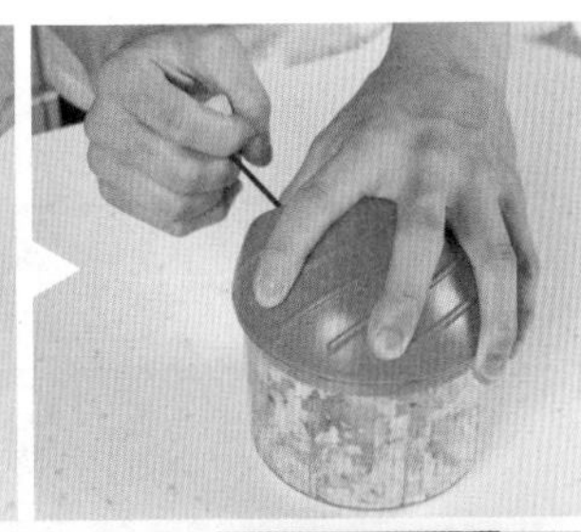

1 将红葱头、去皮蒜头、洋葱及姜放入小旋风。
2 用小旋风切碎上述材料备用。
3 将油加入不粘锅中。
4 煸炒步骤2切碎的食材，直至逼出香味。
5 加入黑胡椒粉、红椒粉、胡荛籽粉、蚝油、黄糖及酱色。
6 以硅胶铲夹拌炒均匀即可完成。

烤肉串烧

示范搭配酱料：沙嗲酱

以姜黄粉及沙嗲酱腌至入味的烤肉串，最适合和亲朋好友一同享用。入口前再刷上东南亚风味的沙嗲酱，挤点新鲜柠檬汁，让美味更上一层楼！也可变换不同口味，把沙嗲酱换成本书的海鲜胡椒酱、日式美味照烧酱，或韩式烤肉酱、韩式辣炒酱。

分量：
2~4人份

料理时间：
8分钟

事前准备：
完成沙嗲酱制作

使用物品：
竹签、烤盘、烘焙纸

材料：

鸡胸肉1/2副
无骨牛小排150克
青柠檬1/4个
沙嗲酱5大匙
姜黄粉1大匙
沙嗲酱100克

步骤

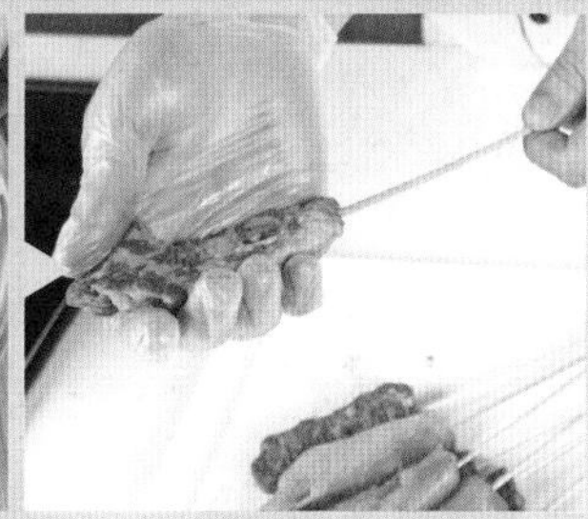
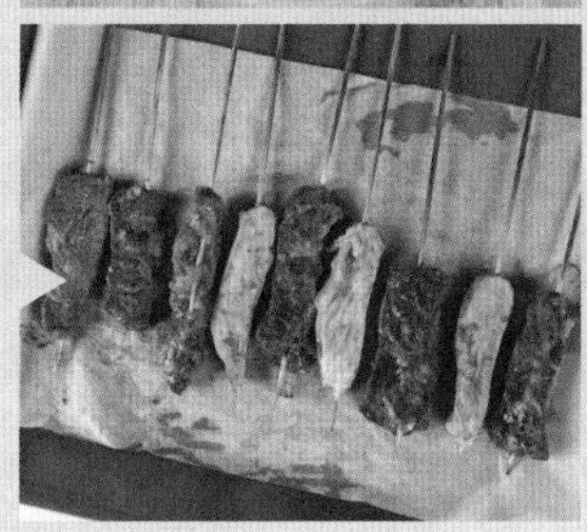

1 将鸡胸肉切成条状。
2 将无骨牛小排切成条状。
3 将沙嗲酱及姜黄粉与肉条混合，腌约5分钟备用。
4 将腌好的肉条以竹签串起。
5 将烤箱预热至160℃，放入肉串，烤约8分钟即可盛盘。
6 最后附上柠檬角及沙嗲酱即可完成。

也可搭配本书其他酱料：
照烧酱、韩式烤肉酱、海鲜胡椒酱、韩式辣炒酱

Chapter 04

第四章

夏日炎炎没胃口，清爽健康享蔬食

炎炎夏日没胃口，快跟着李建轩老师学习制作酱中酱的清爽酱汁，搭配冰镇凉爽清拌的蔬食料理，让你再热也有好胃口喔！

【蒜泥酱】

甜酱油再升级

蒜头与酱油及砂糖混合后，反而降低蒜的辛辣味，使整体酱料更温和。蒜泥酱不论搭配何种肉类、蔬菜，都可为食材增添风味，实用又百搭。

分量：2～4人份

料理时间：2分钟

事前准备：完成甜酱油制作

使用物品：

手持料理棒（若无料理棒，可用刀切碎蒜头，再搅拌所有材料）

材料：

蒜头10瓣

梅子粉1小匙

甜酱油150毫升

开水80毫升

香油1大匙

步骤 1 2

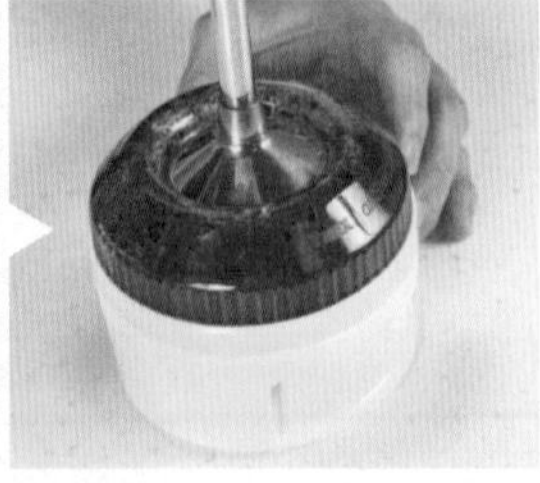

1 将所有材料放到料理棒容器中。

2 以手持料理棒打成泥状即可完成。

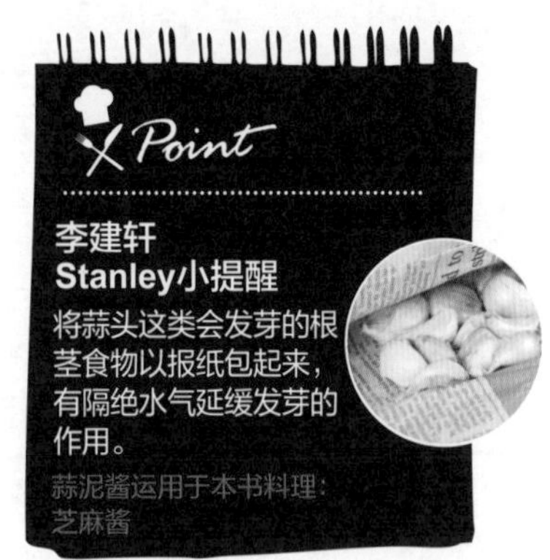

【芝麻酱】

蒜泥酱再升级 结合自制的简单蒜泥酱，入口散发阵阵芝麻香，不论搭配黄瓜丝、凉菜、肉类，还是拌凉面，都让人食欲大开。

分量：
2～4人份

料理时间：
2分钟

事前准备：
完成蒜泥酱制作

材料：

蒜泥酱5大匙
白芝麻酱3大匙
花椒粉1小匙
开水100毫升

步骤 1 2

1 将白芝麻酱、花椒粉及水拌匀。
2 最后加入蒜泥酱搅拌均匀即可完成。

Point

李建轩Stanley小提醒

本食谱以少油健康为取向，若想吃酱料香味较浓重的，可先将白芝麻酱略为拌炒，以炒出白芝麻香气，再与水及花椒粉调和。

芝麻酱运用于本书料理：
怪味酱

【怪味酱】

芝麻酱再升级 以口感滑顺浓郁的花生酱，拌入香菜及多种酱料，调配出味道多元、层次丰富的中式酱料，可搭配凉菜、凉面，提升整体风味。

分量：2～4人份

料理时间：2分钟

事前准备：
完成芝麻酱制作

使用物品：
小旋风
（若无小旋风，可使用任何搅拌工具）

材料：

芝麻酱5大匙
香菜5克
花生酱2大匙
开水30毫升
白醋1大匙
辣油1大匙

步骤

1	2	3
4	5	6
7	8	

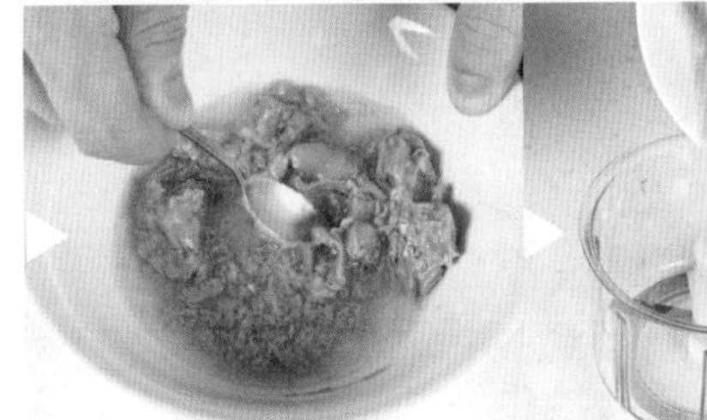
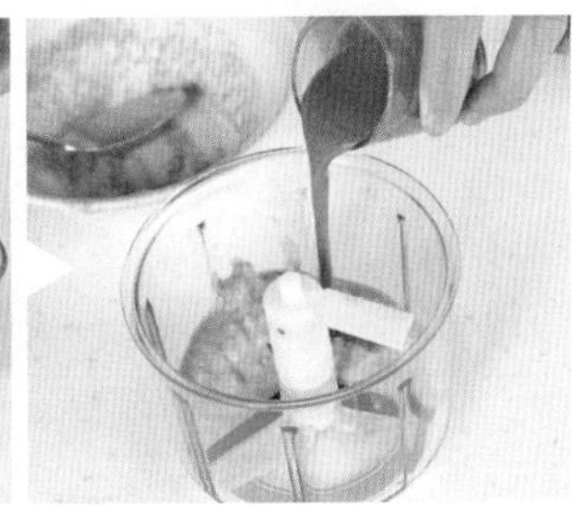
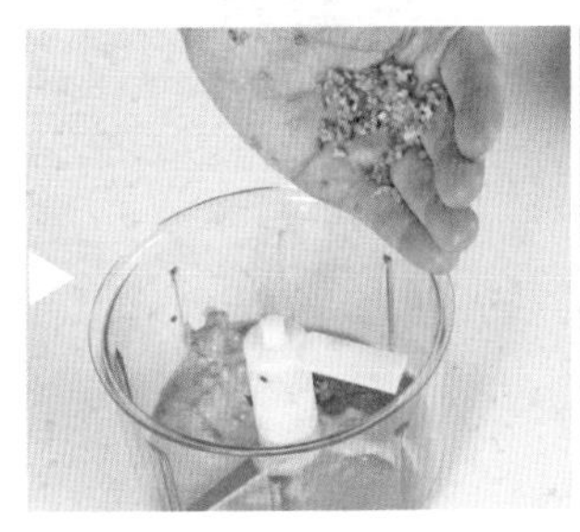
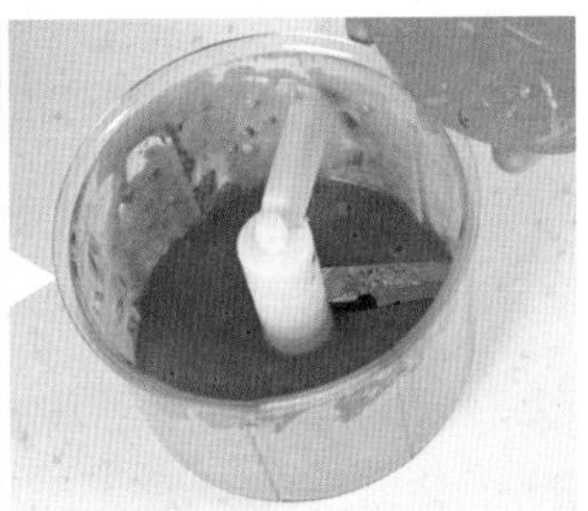

1 香菜取梗切成细末备用。
2 将开水加入花生酱中。
3 再加入白醋。
4 以汤匙仔细搅拌均匀。
5 将拌好的花生酱倒入小旋风。
6 再加入辣油及芝麻酱。
7 最后加入切碎的香菜。
8 以小旋风搅拌所有食材，即可完成。

李建轩Stanley小提醒

花生酱比较浓稠，须先以开水及白醋搅拌均匀，才容易融合其他材料。

怪味酱运用于本书料理：凉粉拌鸡丝

凉粉拌鸡丝

示范搭配酱料：怪味酱

鲜嫩鸡肉丝配上低热量的绿豆粉条，兼具美味与健康，淋上自制怪味酱，层次丰富，清爽又开胃。大家也可以依自己喜好，自由搭配芝麻酱、甜辣酱或椒麻汁。

分量：1～2人份

料理时间：12分钟

事前准备：
完成怪味酱制作

使用物品：
不锈钢焖烧锅（若无不锈钢焖烧锅，也可以任何锅具代替）、不粘锅

材料：

鸡胸肉1/2副
小黄瓜50克
香菜5克
绿豆粉条50克
怪味酱5大匙

步骤

1	2	3
4	5	6
7	8	

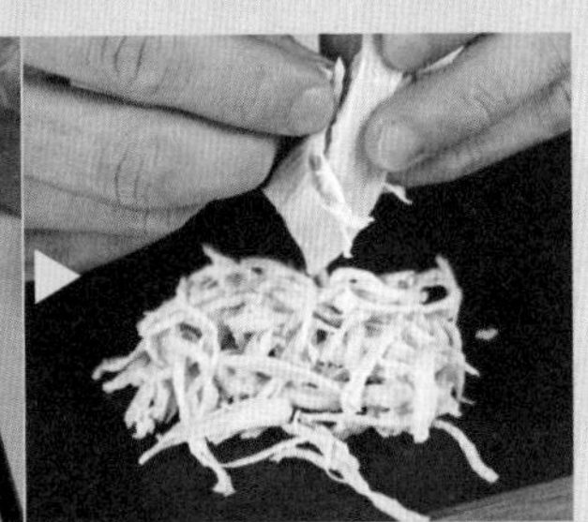

1 将鸡胸肉放入不锈钢锅煮熟。
2 将绿豆粉条放至不粘锅中烫熟。
3 将煮熟的鸡胸肉夹起放凉后，拨成细丝。
4 将烫熟的绿豆粉条夹起，待凉备用。
5 将小黄瓜切成丝。
6 将香菜切碎。
7 将切碎的香菜加入怪味酱中，拌匀备用。
8 将绿豆粉条垫底排盘，再依序放上小黄瓜丝及鸡丝，淋上酱汁即可完成。

Point

李建轩Stanley小提醒

鸡胸肉应以冷水开始煮，而不是等水沸腾再放入锅中烫熟，冷水开始煮可使鸡胸肉更软嫩多汁。

也可搭配本书其他酱料：芝麻酱、甜辣酱、椒麻汁

【甜辣酱】

番茄酱再升级

美味百搭的甜辣酱，不管是当作凉拌酱、蘸酱或煮酱，都非常的合适喔。

分量：2～4人份

料理时间：3分钟

事前准备：
完成番茄酱制作

使用物品：
不粘锅、手持料理棒（若无料理棒，也可使用果汁机或食物料理机）

材料：

番茄酱4大匙
蜂蜜3大匙
水100毫升
味噌1大匙
红辣椒1/2个

1 以手持料理棒将红辣椒打成泥备用。
2 接着将所有材料及步骤1的红辣椒泥拌匀熬煮，即可完成。

【五味酱】

甜辣酱再升级 酸甜酱汁搭配许多辛香料作为佐料，让五味酱的美味层次提升到最高点。

分量：2~4人份

料理时间：2分钟

事前准备：完成甜辣酱制作

使用物品：
手持料理棒（若无料理棒，也可使用果汁机或食物料理机）

材料：

甜辣酱5大匙
香菜5克
姜5克
蒜5克
乌醋1大匙
香油1大匙

1 将所有材料放入容器中。
2 以手持料理棒打匀成酱汁，即可完成。

Point

李建轩 Stanley小提醒

因为香菜的叶子比较容易变黑、变苦，大家在步骤1中，也可以只取香菜的梗，让酱料香气更为浓重。

五味酱运用于本书料理：
冰脆凉苦瓜

Delicious

美味搭配

冰脆凉苦瓜

示范搭配酱料：五味酱

不受小朋友欢迎的苦瓜，只要切成薄片并浸泡冰水中冰镇，就可以去除苦味，还能带出爽口凉脆的口感喔！在此示范搭配层次丰富的五味酱。若口味偏甜且喜欢浓郁奶蛋香，可搭配自制蛋黄酱或凯撒酱。习惯中式口味的人，也可以搭配甜辣酱喔。

分量：2～4人份

料理时间：8分钟

事前准备：
完成五味酱制作

材料：

苦瓜1/2条

五味酱3大匙

步骤 1 2 3 4 5

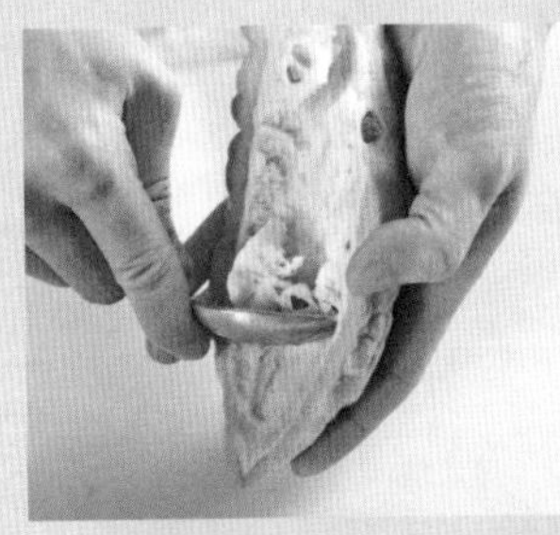
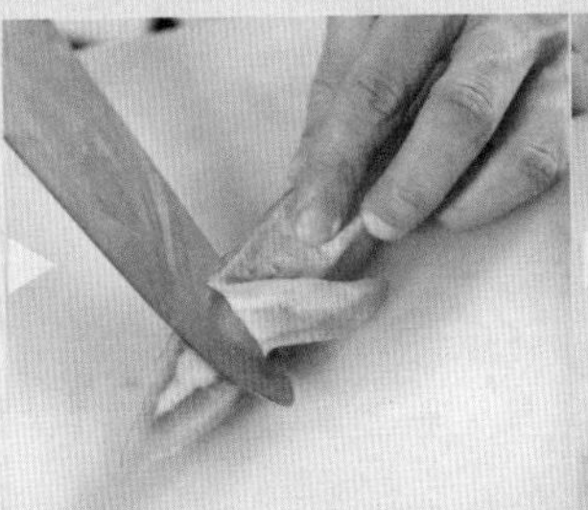
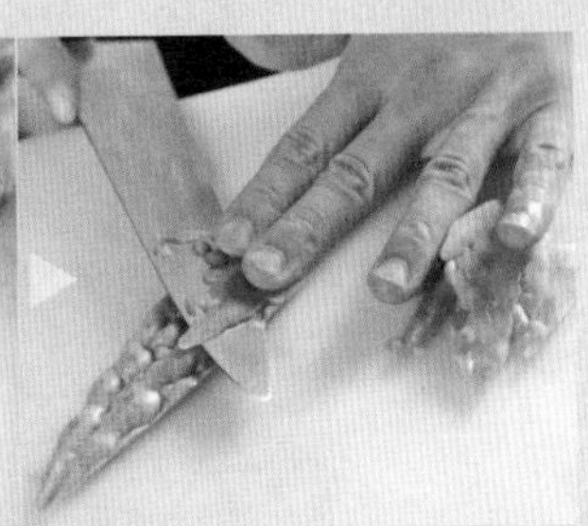

1 苦瓜以汤匙去籽。
2 再以刀子去瓤。
3 将苦瓜切成斜薄片。
4 泡入冰水至略为透明后沥干备用。
5 最后再将苦瓜盛入盘中，淋上五味酱即可完成。

Point

李建轩Stanley小提醒

许多人都觉得苦瓜味道太苦，唯恐避之不及。其实只要将苦瓜去籽去膜，就能去除苦涩的味道！

苦瓜的好处

葫芦科苦瓜属，其独特的苦味令人上瘾，具有改善食欲不振的效果，还有开脾健胃、助消化等作用。苦瓜维生素C含量高，能起到减少细胞突变或破损的机会，并帮助修复受损细胞。此外，苦瓜还能降血糖，对高血压也很有帮助。选购时，建议买饱满沉手、表皮新鲜有光泽的苦瓜。

也可搭配本书其他酱料：芝麻酱、甜辣酱、椒麻汁

【意大利油醋汁】

油醋汁再升级

清爽简单的油醋汁，添加辛香料，呈现出不同的风味。搭配清爽的生菜沙拉，健康又开胃！

分量：2～4人份

料理时间：2分钟

事前准备：
完成油醋汁制作

使用物品：
小旋风（若无小旋风，可使用刀具将材料切碎）

材料：

油醋汁150毫升
蒜头1瓣
洋葱15克

1 将洋葱及蒜头用小旋风切碎。
2 将油醋汁倒入小旋风拌匀即可完成。

李建轩Stanley小提醒

建议大家将制作完的酱汁拌匀倒入玻璃罐中，放置阴凉处约一天。这样做可以让酱汁更加入味，搭配料理时风味更佳。

意大利油醋汁运用于本书料理：
莎莎酱

【莎莎酱】

意大利油醋汁再升级

运用多种水果的果酸甜味制作而成的莎莎酱，入口后散发出水果清香芬芳的味道。

分量：2～4人份

料理时间：5分钟

事前准备：
完成意大利油醋汁制作

使用物品：
小旋风（若无小旋风，可使用刀具将材料切碎）

材料：

意大利油醋汁100毫升
蕃茄1个
芒果50克
洋葱30克
蒜头1瓣
香菜5克
柠檬汁2大匙
辣椒水(Tabasco)1小匙

步骤

1	2	3
4	5	6
7	8	

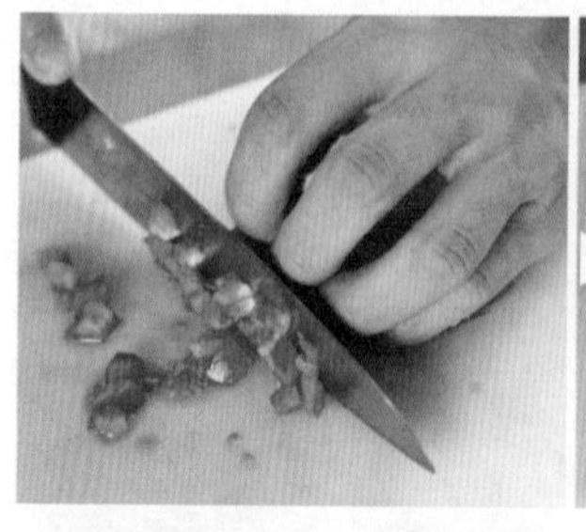
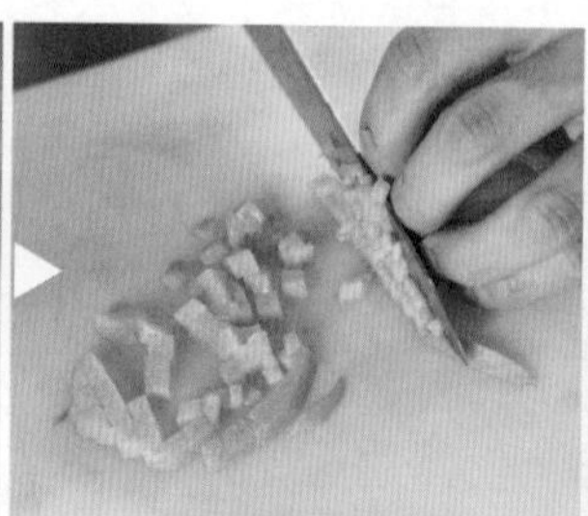

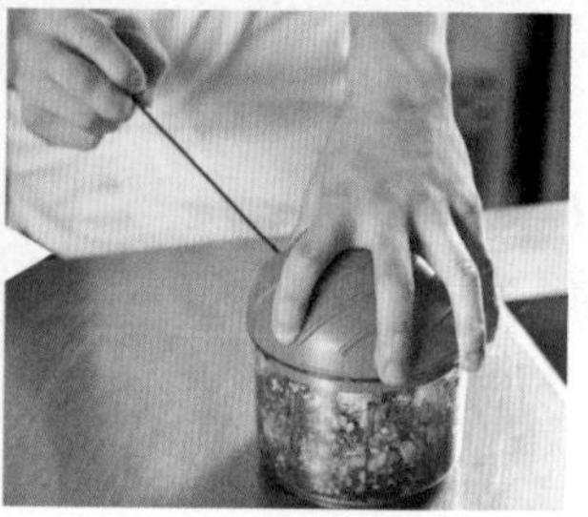

1 将番茄切小丁。
2 将芒果切小丁。
3 将洋葱、蒜头用小旋风切碎。
4 香菜洗净沥干后，用刀切碎备用。
5 所有材料混合，加入意大利油醋汁。
6 加入适量辣椒水。
7 加入柠檬汁。
8 最后用小旋风轻拉一次，使所有材料充分混合即可（若家中无小旋风，也可将所有食材倒入大碗，用汤匙将所有材料轻轻搅拌混合）。

李建轩Stanley小提醒

色彩丰富的莎莎酱，尝起来味道也非常丰富，是一道非常适合向人展示自己手艺的料理。因为香菜的叶子容易发黑变苦，建议大家食用前再拌入香菜，避免色泽及味道变质。

Delicious 美味搭配

炉烤野菜盘

示范搭配酱料：油醋汁

挑选五颜六色的缤纷蔬果，烹调出香味四溢的蔬菜盘，搭配以橄榄油自制的微酸的油醋汁，清爽又解腻。此外，大家也可以搭配以油醋汁加料延伸的意大利油醋汁，或是带有果香的莎莎酱，轻松享受健康的美味蔬食！

分量：2~4人份

料理时间：5分钟

事前准备：
完成油醋汁制作

使用物品：
不粘锅、硅胶铲夹

材料：

黄西葫芦30克
绿西葫芦30克
玉米笋4根
小番茄4个
口蘑4颗
综合生菜100克
蒜头1瓣
盐、胡椒适量
油醋汁80毫升

1 将黄西葫芦切成圈片状。
2 将绿西葫芦切成圈片状。
3 将玉米笋切成两半。
4 将番茄切成两半。
5 将口蘑切成1/4备用。
6 将蒜头切成薄片。
7 将黄绿西葫芦片、玉米笋、口蘑及小番茄撒上盐及胡椒备用。
8 不粘锅入油，将黄绿西葫芦片煎至两面上色。
9 放入切好的玉米笋、口蘑及小番茄。

10 11 12
13

10 再加入蒜头拌炒即可盛起。
11 将综合生菜及熟的蔬菜放进钢盆中。
12 淋上油醋汁。
13 用硅胶铲夹搅拌均匀后盛入盘中，即可完成。

李建轩Stanley小提醒

许多人做菜时会先将香菇泡水，但口蘑则不可事先泡水或清洗。在步骤5中，菇类应避免碰到水分。大家可以先用餐巾纸擦拭口蘑表面黑点，再切成1/4备用。炒菇类时，不另外添加油拌炒，直接干炒才会更香喔！

也可搭配本书其他酱料：
意大利油醋汁、凯撒酱、莎莎酱

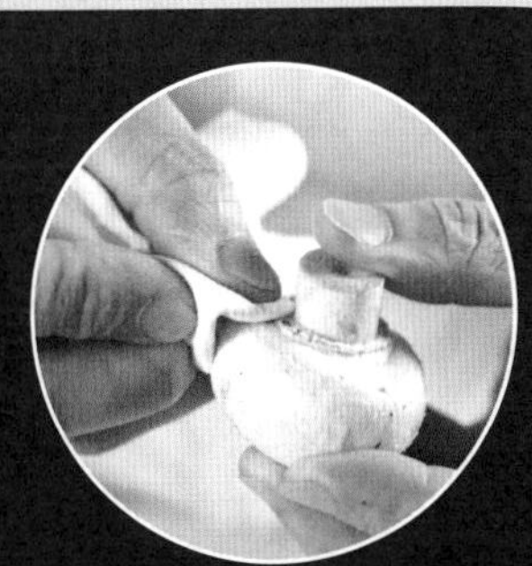

【海鲜卤汁】

渍酱汁再升级

加入各种调味料与自制的渍酱汁，以慢火烧出酱油香气，搭配海鲜一起卤，可提升鲜味。

分量：2～4人份

料理时间：5分钟

事前准备：
完成渍酱汁制作

使用物品：不粘锅

材料：

渍酱汁200毫升
味淋50毫升
酱油40毫升
清酒30毫升
黄糖30克

1 2

1 将所有食材倒入不粘锅中，搅拌熬煮至糖溶化即可熄火。
2 将熬煮好的酱汁倒出放凉。

【和风酱】

海鲜卤汁再升级

运用法式芥末籽酱、橄榄油及味淋调出独具日式风格的和风酱，做法简单不费时，非常适合搭配冷拌生菜。

分量：2～4人份

料理时间：3分钟

事前准备：完成海鲜卤汁制作

使用物品：小旋风（若无小旋风，也可用汤匙拌匀）

材料：

海鲜卤汁30毫升
橄榄油100毫升
芥末籽酱20克
开水30毫升
味淋40毫升

步骤 1 2

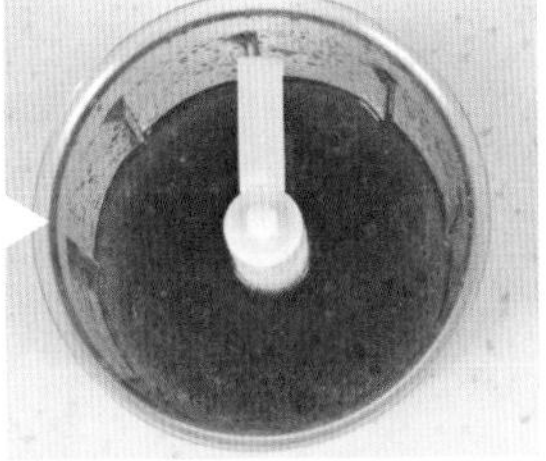

1 将所有材料倒入小旋风，使其均匀混合。
2 将酱汁倒出即可完成。

【胡麻酱】

和风酱再升级

堪称经典日式风味的胡麻酱，不论蘸什么都对味，非常百搭！

分量：2～4人份

料理时间：3分钟

事前准备：
完成蛋黄酱、和风酱制作

使用物品：小旋风

材料：

和风酱60毫升
白芝麻酱30克
蛋黄酱50克
芥末籽酱20克
开水50毫升

步骤 1 2

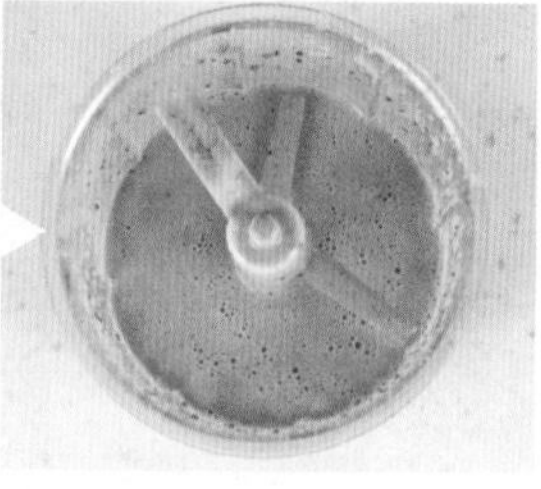

1 将所有材料倒入小旋风，使其均匀混合。

2 将酱汁倒出即可完成。

Point

李建轩Stanley小提醒

若无小旋风，也可将所有食材倒入碗中，以汤匙搅拌。但须先拌匀和风酱、白芝麻酱、蛋黄酱及芥末籽酱，最后再加水调匀，避免油水分离。

Delicious

美味搭配

柴鱼山药冷面

示范搭配酱料：和风酱

山药不只用来熬汤，还能作为开胃的清爽冷食。如发丝般的山药细面，吃起来口感滑顺，既暖身又健胃。淋上自制的和风酱汁，撒上柴鱼片，保证让你赞不绝口！若喜欢芝麻香气，也可以搭配本书的胡麻酱或芝麻酱喔！

步骤

分量：
1～2人份

料理时间：
5分钟

事前准备：
完成和风酱制作

材料：

山药100克
柴鱼片10克
葱10克
七味粉2克
和风酱50毫升

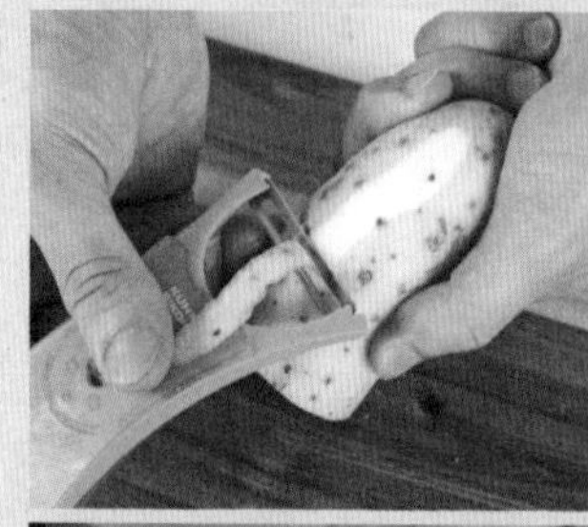

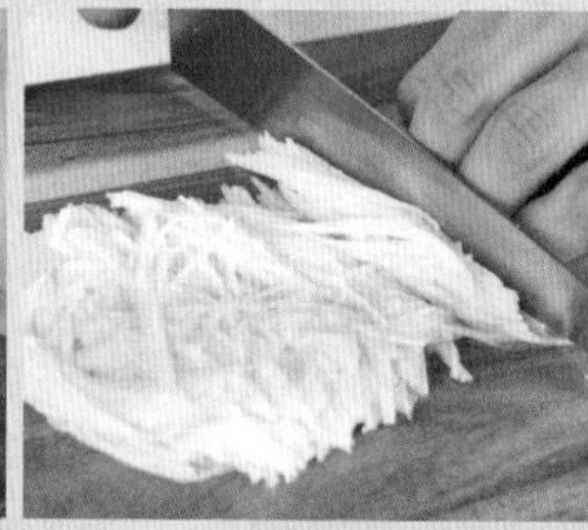

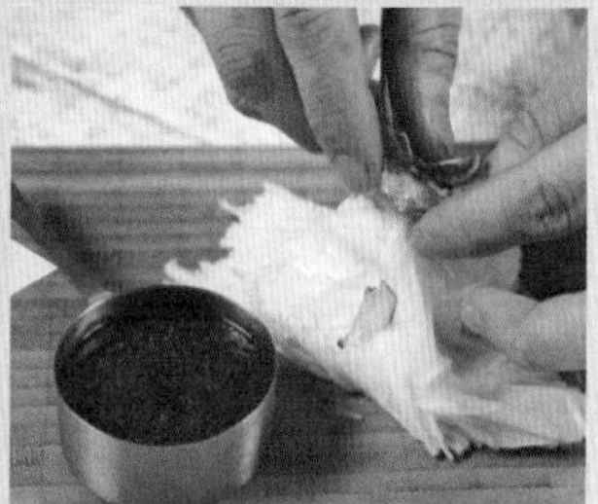

1. 将山药削皮。
2. 将山药切细丝成面条。
3. 将葱切成葱花备用。
4. 将山药细面盛入盘中，撒上柴鱼片。
5. 撒上葱花、七味粉，最后淋上酱汁即可完成。

李建轩Stanley小提醒

山药的黏液有益脾胃，建议不要用水洗掉，以保留食材的营养及功效。

也可搭配本书其他酱料：胡麻酱、芝麻酱

YOU'RE SO TWEET
BIRDS OF A FEATHER
Royal Postal Services
United Kingdom
CARLO A. FICCIOLI
PALERMO
PORTO

Chapter 05

第五章

大展身手宴亲友，自信变出满桌好菜

在这一章中，我将带领大家认识更多中式、西式、日韩、东南亚风味的经典不败酱料。许多人招待亲友时，都会特地从食谱中寻找灵感，却常常忽略了酱汁的功用。你知道吗？花费大把时间与心力做出满桌好菜，只要加上自制的酱汁，立刻为料理加分，省时方便又事半功倍！

【酱烧汁】

热炒酱再升级 取代红烧概念调制而成的万用酱烧汁，不论烧、卤、炖食材，都能轻松为料理加分！

分量：2～4人份

料理时间：2分钟

事前准备：
完成番茄酱、热炒酱制作

材料：

热炒酱3大匙
番茄酱1大匙
水3大匙
黄糖1大匙

步骤 1 2

1 将所有材料加入碗中。
2 搅拌均匀即可完成。

酱烧汁运用于本书料理：
酱爆汁

【酱爆汁】

酱烧汁再升级

酱爆汁是热炒海鲜时的最佳选择，其咸甜带鲜的滋味是让料理变美味的秘密。

分量：2~4人份

料理时间：2分钟

事前准备：
完成酱烧汁制作

材料：

酱烧汁2大匙
甜面酱2大匙
辣豆瓣酱1大匙
黄糖1大匙

1 2

1 将所有材料加入碗中。
2 搅拌均匀即可完成。

铁板臭豆腐

示范搭配酱料：热炒酱

煎至金黄的臭豆腐吸附热炒酱后，香味四溢，搭配氽烫的笋、豆荚等蔬菜，是道非常下饭的料理。除了在此示范搭配的热炒酱，大家也可以依自己喜好，搭配最适合拌炒食材的酱烧汁、酱爆汁或腐乳豆瓣酱。

分量：
1～2人份

料理时间：
2分钟

事前准备：
完成热炒酱制作

使用物品：
不粘锅、硅胶铲夹

材料：

臭豆腐2块
笋15克
胡萝卜15克
甜豆荚5个
蒜头1瓣
蒜苗15克
葱5克
洋葱20克
热炒酱3大匙
黑胡椒3克
香油1小匙
鸡高汤（或水）100 毫升

步骤

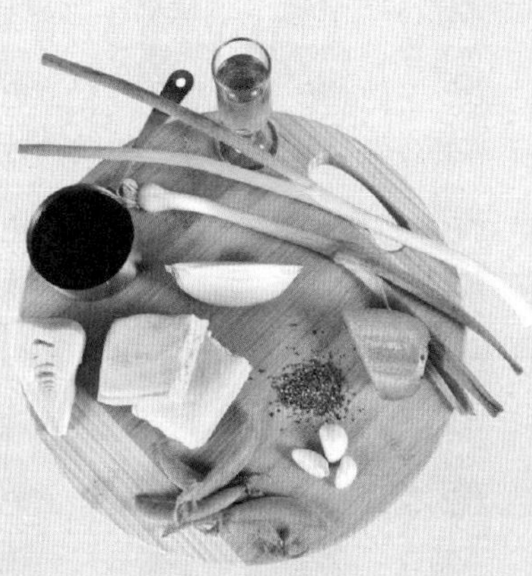

1 蒜苗斜切。
2 笋切片。
3 胡萝卜切片。
4 蒜头切碎。
5 洋葱切丝。
6 葱切丝。

7	8	9
10	11	12
13	14	15

7 臭豆腐切十字刀。

8 不粘锅起沸水，将胡萝卜、甜豆荚、笋烫熟。

9 烫熟后将食材捞起备用。

10 臭豆腐略为氽烫备用。

11 将臭豆腐放入不粘锅煎熟。

12 煎至表面呈金黄色泽，即可盛起备用。

13 同上锅炒香蒜碎后，加入调味料（热炒酱、黑胡椒、香油）及鸡高汤（或水）。

14 放入臭豆腐，大火拌炒。

15 最后加入其余蔬菜，淋上香油即可完成。

李建轩Stanley小提醒

许多人对臭豆腐是又爱又怕，常有人担心买来的臭豆腐不卫生，建议大家料理时先用盐水氽烫臭豆腐，以去除表面脏物及黏液。

也可搭配本书其他酱料：酱烧汁、酱爆汁、腐乳豆瓣酱

【青葱酱】

葱油汁再升级

将自制的葱油汁趁热浇淋在翠绿新鲜的青葱上，带出葱的香气，是拌饭、拌面的最佳选择喔！

分量：2~4人份

料理时间：2分钟

事前准备：
完成葱油汁制作

使用物品：
不粘锅、不锈钢容器

材料：

葱3根
姜1小块
蒜头1瓣
葱油汁100毫升
盐1大匙

步骤 1 2 3

1 将葱花、姜末及蒜末装入不锈钢碗，和盐一起拌匀备用。
2 将葱油汁大火加热1至2分钟，熄火。
3 将滚烫的葱油汁浇淋至步骤1 的不锈钢碗，拌匀即可完成。

Point

李建轩Stanley小提醒

因为热油的温度极高，在步骤1中应使用不锈钢碗，切勿使用瓷器或玻璃容器，否则会使容器裂开，非常危险！

青葱酱运用于本书料理：
葱油鸡

Delicious

美味搭配

葱油鸡

示范搭配酱料：青葱酱

表皮酥脆的香煎鲜嫩鸡腿肉，搭配青葱酱更能衬出鸡肉柔软多汁的口感，吃进一口便感到满满的幸福。若不喜欢吃葱，也可以搭配本书的葱油汁喔！

分量：
1～2人份

料理时间：
25分钟

事前准备：
完成青葱酱制作

使用物品：
不粘锅、硅胶铲夹

材料：

去骨鸡腿2个
姜片2片
花雕酒1大匙
酱油1/2小匙
盐1/4小匙
青葱酱3大匙

步骤

1	2	3
4	5	6
7	8	

1 将去骨鸡腿加入所有腌料（花雕酒、酱油、盐）。
2 加入姜片。
3 用手将去骨鸡腿抓腌10分钟备用。
4 入锅中蒸约12分钟，取出待凉。
5 取平底锅，将鸡腿肉以中火煎至外皮上色焦脆。
6 将煎好的鸡腿肉切片排盘。
7 淋上青葱酱。
8 大功告成。

李建轩Stanley小提醒

在步骤5中，我们将蒸熟的去骨鸡腿肉稍微煎一下，使口感更酥脆。喜欢清蒸口感的人可以跳过此步骤。

也可搭配本书其他酱料：葱油汁

进入西式主菜酱料前，先学习调制面糊酱

煮厨教你制作面糊酱

看完前面介绍的中式经典酱料，接下来要教大家西式的常见主菜搭配酱料。西式的**蘑菇酱**和**黑胡椒酱**是搭配肉排、铁板面等料理的最佳酱料。在接下来这两道酱汁的食谱中，都会添加面糊酱，让酱汁更浓稠，因此我先在这边教大家如何制作地道的西式面糊酱。

中式料理常以太白粉水勾芡，西式料理则以面糊酱勾芡。面糊酱的制作方式很简单，只需将低筋面粉与奶油以1：1的比例拌炒，就大功告成啰！

►**材料**：低筋面粉1大匙、奶油1大匙

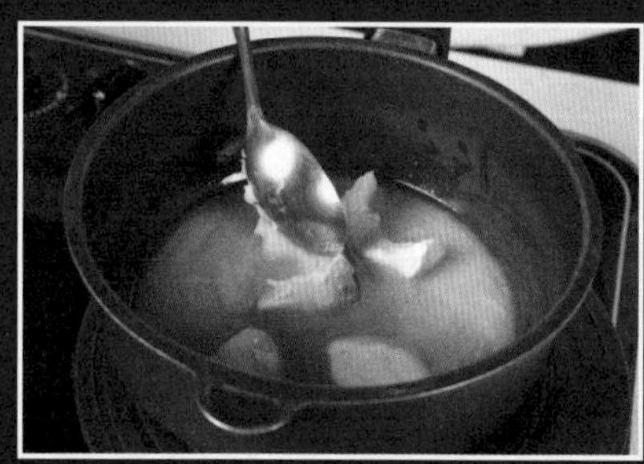

步骤1. 将一大匙奶油加入不粘锅中，以小火煮至化开。

步骤2. 奶油溶化后，缓缓加入低筋面粉，一边倒一边搅拌。

步骤3. 搅拌炒至均匀即可完成。

李建轩小教室

面粉的选择

制作面糊酱时要选用“低筋面粉”，为何不选中筋或高筋面粉呢？因为面糊酱是用来勾芡用的，我们不需要中筋或高筋面粉里蛋白质的筋性，只需要它的黏稠性，所以选用低筋面粉就可以啰！

面糊酱的制作量与保存

有些饭店或西餐厅因为面糊酱用量较大，会一次做出大分量的，放入夹链袋中冰起来，要用时再挖一大匙调入料理中。虽然这样很方便，但若所需的量不多，我建议料理需要时再调配，制作出来的面糊酱才会比较新鲜。

李建轩Stanley小提醒

1. 用奶油拌炒是最正宗的做法，如果担心奶油热量太高，可以用水取代奶油，但是这个做法会有生粉味，且少了奶油的香味。
2. 面粉可能因受潮而结成颗粒，建议调配面糊酱时，先将面粉过筛。这样才能搅拌均匀喔！

【蘑菇酱】

带有奶油香的浓郁蘑菇酱，不论煮汤搭配意大利面或肉排等，都非常美味！

分量：
2～4人份

料理时间：
15分钟

事前准备：
完成鸡高汤、面糊酱制作

使用物品：
不粘锅、小旋风（若无小旋风，也可使用刀具将材料切碎）

材料：

口蘑8朵
洋葱1/4个
去皮蒜头2瓣
奶油1大匙
月桂叶1片
鲜奶油50毫升
鸡高汤300毫升
面糊酱2大匙
盐1/2小匙
白胡椒粉1/4小匙

步骤

1	2	3
4	5	6
7	8	9

1 将口蘑切片。
2 洋葱以小旋风切碎备用。
3 去皮蒜头以小旋风切碎备用。
4 起锅干炒口蘑片。
5 加入奶油。
6 接着加入洋葱碎，炒至褐色带透明。
7 再加入蒜碎炒香，倒入白酒煮至酒精挥发。
8 加入面糊酱拌匀，再加入鸡高汤及月桂叶，以小火熬煮约10分钟至浓稠。
9 最后将锅离火，加入鲜奶油，以盐及白胡椒粉调味即可完成。

李建轩
Stanley小提醒

制作蘑菇酱时，最后一步骤加入鲜奶油须将锅离火，避免温度过高导致蛋白质分离。

【黑胡椒酱】

胡椒粗粒经奶油拌炒后，香味四溢。以慢火熬煮成浓郁酱料，搭配香煎的肉排更是绝配！

分量：2～4人份

料理时间：8分钟

事前准备：
完成鸡高汤、面糊酱制作

使用物品：
不粘锅、小旋风
（若无小旋风，也可使用刀具将材料切碎）

步骤

1	2
3	4
5	6

材料：

洋葱1/4个
去皮蒜头2瓣
奶油2大匙
黑胡椒粗粒2大匙
酱油膏3大匙
盐1小匙
糖1小匙
鸡高汤300毫升
面糊酱2大匙

1 将洋葱及去皮蒜头分别以小旋风切碎取出备用。
2 取不粘锅，加入奶油。
3 将洋葱以小火炒至褐色透明状。
4 加入蒜碎及黑胡椒粗粒炒香。
5 最后加入其余调味料（酱油膏、盐和糖）及鸡高汤烧煮。
6 再加入面糊酱熬煮至浓稠即可完成。

体验正点道地的异国风味 西式酱料

【番茄红酱】

以新鲜番茄为主角，加入多种香料、葱蒜碎拌炒，色泽鲜艳美丽。用来搭配意大利面、披萨、炖饭、面包等，都能让口腹幸福又满足！

分量：
2～4人份

料理时间：
10分钟

事前准备：
完成鸡高汤制作

使用物品：
不粘锅、小旋风（若无小旋风，可使用刀具将材料切碎）

材料：

蕃茄3个
洋葱1/4个
去皮蒜头2瓣
番茄糊1大匙
橄榄油3大匙
盐1小匙
糖1小匙
研磨胡椒1/2小匙
月桂叶1片
百里香1枝
鸡高汤100毫升

步骤

1	2	3
4	5	6
7	8	9
10	11	12

1 将蕃茄划十字刀。
2 起沸水，将番茄入锅烫煮约10秒捞起。
3 将烫过的番茄泡冰水降温。
4 将番茄去皮。
5 将番茄去蒂。
6 将去皮番茄放入小旋风。
7 加入洋葱及去皮蒜头，以小旋风切碎备用。
8 起锅入橄榄油，将洋葱以小火炒至褐色透明状。
9 再加入蒜碎泥、月桂叶、百里香及番茄糊炒香。
10 加入番茄碎泥。
11 加入鸡高汤、盐、胡椒及糖调味。
12 搅拌至熬煮收汁即可完成。

【罗勒青酱】

以新鲜罗勒制成的青酱，色泽鲜亮翠绿，制作时空气中弥漫着淡淡的迷人香气，用来搭配炖饭、意大利面、披萨、海鲜，都能在视觉及味觉上带给你极大的满足。

分量：**2～4人份**

料理时间：**8分钟**

使用物品：

不粘锅、手持料理棒（若无料理棒，也可使用果汁机或食物料理机）

步骤

1	2
3	4
5	6

材料：

罗勒叶50克
去皮蒜头2瓣
核桃30克
帕玛森干酪粉20克
橄榄油150毫升
柠檬半个
盐1/4小匙
研磨胡椒1/6小匙

★罗勒叶也可用九层塔取代

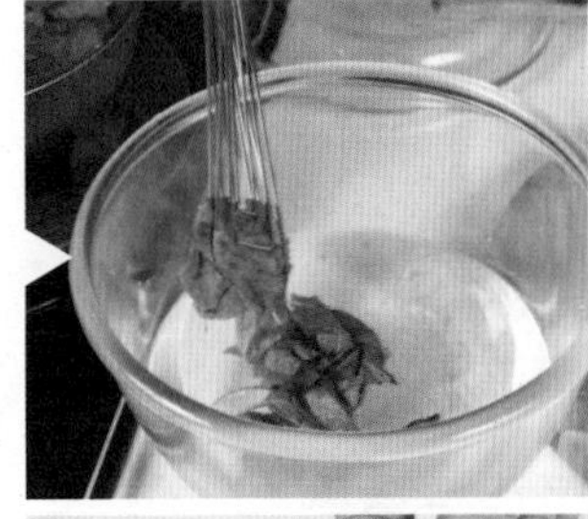

Point

李建轩Stanley小提醒

美丽的罗勒青酱充满香气。在步骤2中，罗勒叶经过汆烫后，能使酱料色泽更为翠绿。此外，添加现挤的新鲜柠檬汁，柠檬的酸可延长酱料保色的时间。

罗勒青酱运用于本书料理：炉烤鲜蔬鲑鱼排

1 取平底锅，将核桃以干锅烘烤，待凉备用。
2 起沸水，将罗勒叶烫熟约5秒。
3 将烫过的罗勒叶捞起泡冰水。
4 再取出挤干水分备用。
5 将所有材料（罗勒叶、去皮蒜头、核桃、帕玛森干酪粉、橄榄油、盐、研磨胡椒）加入料理棒容器，再挤入柠檬汁。
6 最后以料理棒搅碎成酱即可完成。

炉烤鲜蔬鲑鱼排

示范搭配酱料：罗勒青酱

味道鲜美的香煎鲑鱼排，结合多种烫熟的蔬菜，吃起来清爽又健康。这道料理不论搭配西式酱料中的蘑菇酱、黑胡椒酱、番茄红酱，还是在此示范的罗勒青酱，都能凸显截然不同的风味喔！

步骤

1	2
3	4
5	6

分量：
1～2人份

料理时间：
10分钟

事前准备：
完成罗勒青酱制作

使用物品：
不粘锅

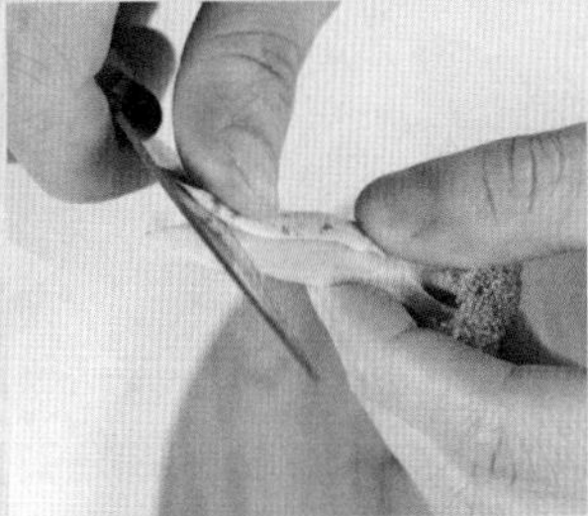

材料：

鲑鱼300克
中马铃薯1个
（或小马铃薯2个）
胡萝卜50克
青花菜40克
去皮蒜头2瓣
奶油1大匙

盐1/4小匙
研磨胡椒1/6小匙
罗勒青酱2大匙

1 蒜头切片。
2 马铃薯切薄片。
3 胡萝卜斜切成条状。
4 青花菜去除纤维，切成小朵状。
5 鲑鱼撒上盐及胡椒备用。
6 将马铃薯片、胡萝卜条、青花菜烫熟后捞起备用。

步骤 7 8 9 10 11 12

7 另起锅，入奶油及蒜片炒香。
8 加入蔬菜拌炒。
9 再以盐及胡椒调味，即可捞起备用。
10 同上锅，将鲑鱼皮朝下煎至出油。
11 加入蒜片爆香，煎至鲑鱼焦黄熟透盛盘。
12 摆上蔬菜，淋上罗勒青酱即可完成。

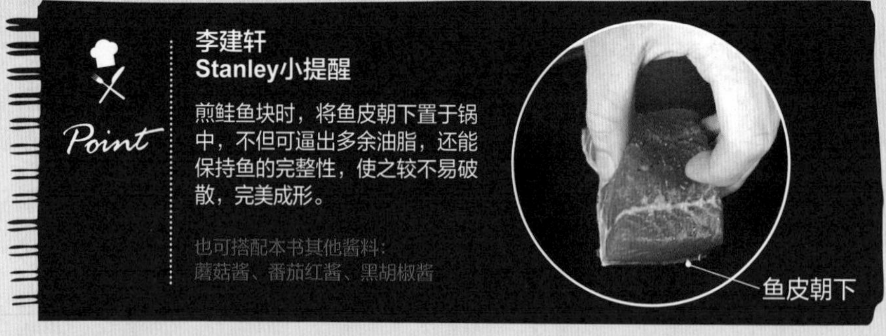

【韩式辣炒酱】

韩式烤肉酱再升级

微辣又带点咸甜的韩式辣炒酱，用来作为炒酱、蘸酱，甚至拌饭都非常美味！

分量：
2～4人份

料理时间：
6分钟

事前准备：
完成韩式烤肉酱制作

使用物品：
不粘锅、打蛋器、硅胶铲夹

材料：

韩式烤肉酱50毫升
糯米粉40克
水20毫升
味噌30克
黄糖15克
韩式辣椒粉30克
白醋1小匙

步骤

1	2	3
4	5	6
7	8	9

Point

李建轩Stanley小提醒

许多人在吃韩式料理时，常好奇，为何酱料口感如此浓稠？其实关键就在糯米粉。在步骤6中，我们将煮过的糯米粉面团加入酱料打匀，就是为了增加酱料的黏稠性。

韩式辣炒酱运用于本书料理：韩式拌饭

1 将韩式烤肉酱、味噌、黄糖及韩式辣椒粉放入碗中。
2 将上述材料混合均匀备用。
3 将糯米粉与水混合。
4 将糯米粉揉拌成面团。
5 再将面团压成薄片。
6 将面团放入沸水中煮至浮起，再煮2分钟，以硅胶铲夹夹起。
7 趁热将面团加入步骤2的酱料。
8 趁热以打蛋器快速打散搅拌。
9 加入白醋，以打蛋器拌匀即可完成。

Delicious 美味搭配

韩式拌饭

示范搭配酱料：韩式辣炒酱

在炙热的石锅中铺上白饭及满满好料，再拌入自制的韩式辣炒酱或韩式烤肉酱，最后打上一枚新鲜鸡蛋，就能轻松创造最简单的幸福滋味。若不习惯韩式口味，也可以搭配黑胡椒酱。享用时，以汤匙搅拌石锅里的食材，听着滋滋作响的声音，简直让人难以抗拒！

分量：
1人份

料理时间：
5分钟

事前准备：
煮熟白饭1碗，
完成韩式辣炒酱制作

使用物品：
不粘锅、石锅
（若无石锅，也可用陶锅取代）

材料：

白饭1碗
火锅猪肉片6片
绿豆芽菜30克
胡萝卜丝30克
青江菜1棵
海带芽5克
泡菜30克
韩式辣炒酱1大匙
麻油2大匙
鸡蛋1枚
白芝麻1/4小匙

1 将海带芽泡水至发胀。
2 青江菜切丝备用。
3 胡萝卜切丝备用。
4 将火锅猪肉片、绿豆芽菜、胡萝卜丝、青江菜丝及泡发海带芽放入锅中。
5 再以麻油拌炒至熟备用。
6 将石锅加热后，于锅内抹上麻油。

7	8	9
10	11	12

7 将白饭沿着抹上麻油的石锅铺底。
8 放上泡菜。
9 再放上韩式辣炒酱。
10 放上步骤5的所有熟料。
11 打入一枚鸡蛋。
12 最后撒上白芝麻即可完成。

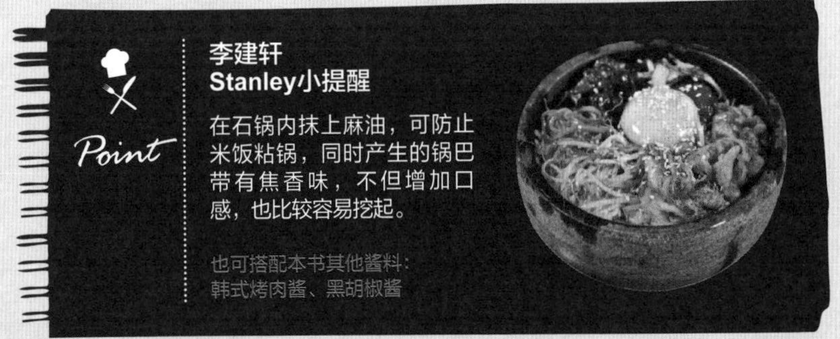

李建轩
Stanley小提醒

在石锅内抹上麻油，可防止米饭粘锅，同时产生的锅巴带有焦香味，不但增加口感，也比较容易挖起。

也可搭配本书其他酱料：
韩式烤肉酱、黑胡椒酱

【酸辣酱】

泰式甜辣酱再升级

加入砂糖熬煮的酸辣酱，具有酸甜带辣的好滋味，是东南亚酱料中最经典不败的酱料！

分量：2～4人份
料理时间：5分钟
事前准备：完成泰式甜辣酱制作
使用物品：不粘锅、手持料理棒（若无料理棒，也可使用果汁机或食物料理机）

材料：

泰式甜辣酱3大匙　朝天椒1个
黄糖1大匙　蒜头2瓣
柠檬1个　橄榄油1小匙

步骤 1 2 3

1 朝天椒及蒜头以手持料理棒打成泥备用。
2 起锅入橄榄油，炒香料理棒切碎的辣椒蒜泥后，再加入糖。
3 加入泰式甜辣酱及柠檬挤汁略为熬煮，持续搅拌至糖溶化，即可完成倒出。

【椒麻汁】

酸辣酱再升级

结合鱼露及各式香辛料，是东南亚口味的蘸酱首选。

分量：2～4人份
料理时间：3分钟
事前准备：完成酸辣酱制作
使用物品：不粘锅

材料：

酸辣酱3大匙
泰式鱼露2大匙
姜15克
酱油2大匙
黄糖1大匙
香油1小匙
花椒粉2克
水30毫升

步骤 1 2

1 将香油略为烧热后，冲入花椒粉中，待凉备用。
2 取姜磨成泥后，将所有材料加入步骤1中拌匀，即可完成。

Delicious

美味搭配

泰式椒麻鸡

示范搭配酱料：椒麻汁

自制麻中带香的椒麻汁，搭配刚炸好的酥脆鸡腿肉，及新鲜爽脆的卷心菜丝，简直是生活中的一大享受。若不喜欢胡椒的麻味，也可以改搭泰式甜辣酱或酸辣酱喔！

分量：**1～2人份**

料理时间：**12分钟**

事前准备：
完成椒麻汁制作

使用物品：
不粘锅、硅胶铲夹

材料：

去骨鸡腿 1只
卷心菜60克
姜15克
香菜1株
面粉20克
酱油1小匙　米酒1大匙
香油1小匙　椒麻汁80克

步骤

1	2	3
4	5	6
7	8	9

1 取姜，磨成泥备用。
2 将去骨鸡腿腌入酱油、香油、米酒及姜泥，抓腌备用。
3 卷心菜切丝盛入盘中。
4 香菜切碎拌入椒麻汁，拌匀备用。
5 将鸡腿沾裹薄薄面粉。
6 起锅入油，将鸡腿入锅，煎至金黄酥脆。
7 以硅胶铲夹取出，用餐巾纸吸油。
8 将煎好的鸡腿切块。
9 将鸡腿与卷心菜盛盘，淋上酱汁即可完成。

李建轩Stanley小提醒

清爽的卷心菜丝搭配鲜嫩多汁的椒麻鸡，简直让人口水直流。在此提供大家一个小窍门，卷心菜切丝后，可先泡冰水备用，以增加爽脆口感。

也可搭配本书其他酱料：泰式甜辣酱、酸辣酱

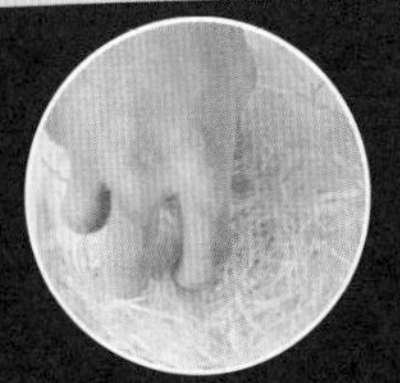

Chapter 06

第六章

炖煮一锅美味汤品，浓郁汤头自己做

许多人以为酱料的作用就是蘸水饺、沙拉，搭配菜肴，其实酱料不只是料理的配角！当我们把自制的酱料运用在汤品中，不但保存方便、不占冰箱空间，还能轻松调配出浓郁的汤头喔。

【香菇粉】

将味道温和的香菇和带有天然咸鲜味的海带芽磨成细粉，烹调时，不论煮汤、炒菜，还是作为腌料与调味粉，不需另外添加味精及鸡粉，就能以最健康的方式轻松为料理提味！

分量：2～4人份

料理时间：5分钟

事前准备：
不粘锅、手持料理棒

材料：

干香菇8朵
海带芽1大匙
冰糖1小匙

步骤 1 2

1 以不粘锅干煸干香菇及海带芽，直至略微带出香气，待凉备用。

2 将所有材料放入料理棒容器，磨成粉状即可完成。

李建轩Stanley小提醒

制作完成的香菇粉平时应保持干燥，可装于罐中密封。在步骤1中，干煸干香菇及海带芽除了可增加香气外，还能去除多余水分，以增加保存时间。

香菇粉运用于本书料理：
番茄排骨汤

传承人文荟萃的千年智慧 中式酱料

【辣味肉酱】

运用猪绞肉拌炒而成的香辣肉酱，不但可作为炒酱或入汤熬煮，也可当成下饭的一道料理。

分量：2～4人份

料理时间：20分钟

事前准备：

不粘锅、小旋风（若无小旋风，也可使用刀具将材料切碎）

材料：

猪绞肉200克
姜30克
红葱头3个
洋葱1/6个
胡萝卜50克
绍兴酒2大匙
酱油1大匙
辣豆瓣酱2大匙
番茄酱3大匙
黄糖1大匙
水300毫升

步骤

1 红葱头、洋葱、胡萝卜及姜放入小旋风。
2 以小旋风切碎备用。
3 于不粘锅中拌炒猪绞肉。
4 将猪绞肉炒出油脂后，加入小旋风切碎的食材。
5 将猪绞肉和食材一起炒香。
6 加入绍兴酒、酱油、 辣豆瓣酱及番茄酱。
7 再加入黄糖及水，熬煮约15分钟。
8 炒至猪绞肉充分吸收酱汁，即可倒入碗中。

辣味肉酱运用于本书料理：
番茄排骨汤

Delicious

美味搭配

番茄排骨汤

示范搭配酱料：香菇粉、辣味肉酱

结合番茄果酸与新鲜排骨，再加入自制肉酱熬煮而成的汤品，美味又健康，让人意犹未尽，忍不住一碗接一碗！在此示范搭配中式的香菇粉及辣味肉酱。若喜欢番茄香味更浓郁，也可以改搭西式的番茄红酱喔！

分量：2~4人份

料理时间：
使用不粘锅约30分钟
（若使用压力锅，约需20分钟）

事前准备：
完成香菇粉及辣味肉酱制作

使用物品：
不粘锅、小旋风

材料：

排骨300克
蕃茄2个
蒜头3瓣
蒜苗1根
沙拉油1大匙
水1000毫升
辣味肉酱100克
香菇粉1大匙
盐适量
绍兴酒1大匙

也可搭配本书其他酱料：
番茄红酱

步骤

1	2	3
4	5	6
7	8	9
10	11	12

1 将蕃茄划十字刀。
2 起沸水，将番茄入锅，烫煮约10秒捞起。
3 将烫过的番茄泡冰水降温。
4 将番茄去皮。
5 将番茄去蒂。
6 将番茄以小旋风切碎。
7 蒜头以小旋风切碎备用。
8 蒜苗以刀切斜段。
9 热锅，将排骨煎至两面上色后，炝入绍兴酒。
10 加入番茄块、蒜碎及辣味肉酱，拌炒至香气散发出来。
11 再加水炖煮至排骨软烂，并以香菇粉及盐调味。
12 最后加入蒜苗即可完成。

【南瓜酱】

色泽诱人的南瓜，制作成酱料方便保存，运用度也很广泛，不管是做成浓汤，或是炖饭、炒意大利面，都能创造出不同的变化。

分量：2～4人份

料理时间：25分钟

使用物品：

不粘锅、小旋风（若无小旋风，也可使用刀具将材料切碎）、锡箔纸、烤箱、手持料理棒（若无料理棒，也可使用任何搅拌工具）、硅胶铲夹

步骤

材料：

南瓜300克
洋葱30克
蒜头1瓣
奶油50克

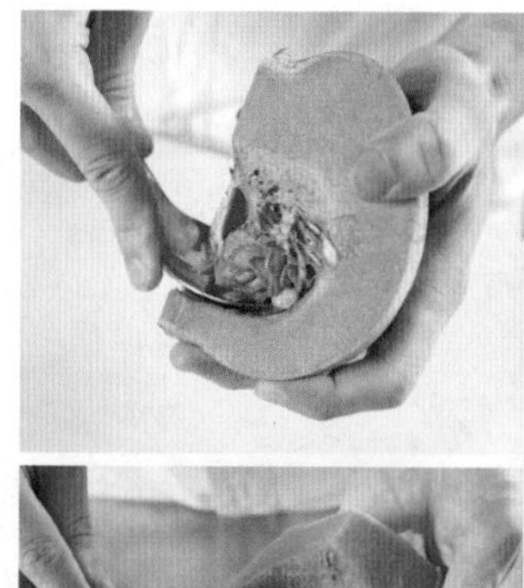

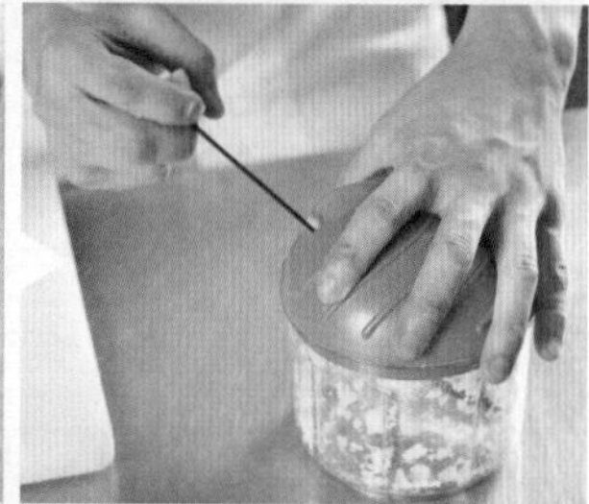

Point

李建轩Stanley小提醒

烤南瓜时，可以用锡箔纸包住南瓜，不但能缩短烘烤时间，更能提升南瓜甜度。若家中没有烤箱，也可将南瓜放入电锅蒸熟，或以沸水煮至软化，再刮取南瓜泥制作酱料。

南瓜酱运用于本书料理：浓郁海鲜汤

1 将南瓜去籽。
2 以锡箔纸包起入烤箱，180℃烤约20分钟，直至软化。
3 将软化的南瓜从烤箱取出，刮取南瓜泥备用。
4 洋葱及蒜头用小旋风切碎备用。
5 起锅入奶油，将洋葱及蒜头炒香后待凉。
6 将炒香的洋葱、蒜头及南瓜泥以手持料理棒打成酱料即可完成。

【青豆酱】

有蔬菜腥味的青豆仁，通过加热及添加辛香料做成酱料，不但能去除腥味，还能丰富美化整体色泽！

分量：
2～4人份

料理时间：
5分钟

使用物品：
不粘锅、手持料理棒（若无料理棒，可使用任何搅拌工具）、滤网

材料：

青豆仁200克
洋葱30克
蒜头1瓣
奶油30克
月桂叶1片
鸡高汤100毫升
盐适量
胡椒适量

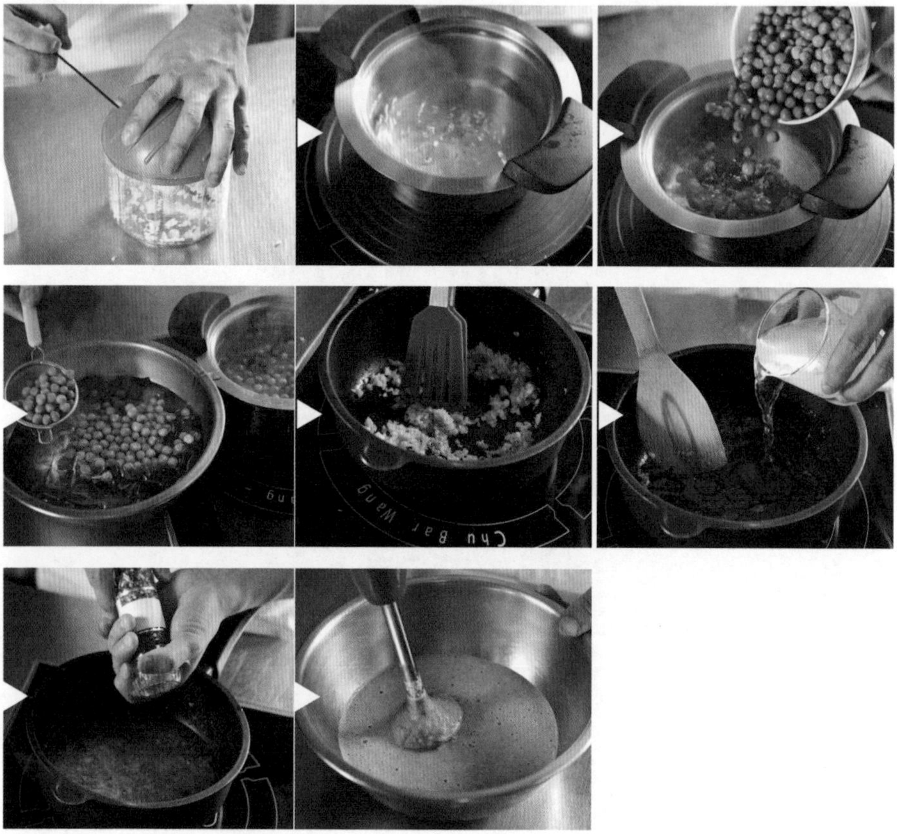

1 将洋葱及蒜头用小旋风切碎备用。
2 起沸水。
3 将青豆仁以沸水烫煮约10秒钟捞起。
4 泡入冰水冰镇，沥干备用。
5 起锅，入奶油、碎洋葱及蒜碎炒香。
6 加入鸡高汤煮沸。
7 以盐、胡椒调味待凉。
8 将冰镇沥干的青豆仁及步骤6的高汤料水以料理棒打成泥状即可完成。

李建轩Stanley小提醒

汆烫青豆仁时可以另外加入一些盐，有去除腥味的作用。此外，将汆烫过的青豆仁捞起泡入冰水，有保色作用，制作出来的青豆酱色泽会更漂亮。

【奶油白酱】

奶香四溢、令人招架不住的奶油白酱，是大小朋友都喜爱的酱料，不论结合淀粉类料理、焗烤，还是做成酱汁，都非常适合。只要学会它就能让料理变美味喔！

分量：
2～4人份

料理时间：
5分钟

使用物品：
不粘锅、小旋风（若无小旋风，也可使用刀具将材料切碎）

材料：

奶油50克
洋葱20克
低筋面粉30克
牛奶200毫升
鲜奶油30毫升
月桂叶1片
盐适量
胡椒适量

1 用小旋风将洋葱切碎备用。
2 起锅入奶油，炒香洋葱碎及月桂叶。
3 接着加入面粉炒香。
4 离火，加入牛奶，搅拌至无颗粒。
5 再加热搅拌至浓稠。
6 以盐、胡椒调味。
7 最后加入鲜奶油即可完成。

李建轩Stanley小提醒

制作浓稠的奶油白酱要特别注意，必须将锅离火加入牛奶，且仔细搅拌，才能避免温度过高，面粉结成颗粒。拌匀后，再以小火加热，慢慢搅拌至浓稠状。

【白兰地虾酱】

以橄榄油加热拌炒出虾壳中的虾红素，兼顾营养和美味，还能尝到虾的鲜味及白兰地的酒香！

分量：2～4人份

料理时间：20分钟

使用物品：
不粘锅、硅胶铲夹、滤网

材料：

虾壳200克
洋葱50克
胡萝卜30克
西芹30克
蕃茄1/2个
蒜头2瓣
白兰地50毫升
月桂叶1片
鲜奶油50毫升
橄榄油30毫升
水400毫升

1 洋葱、胡萝卜、西芹及蕃茄切块备用。
2 起锅入橄榄油炒香虾壳，再加入步骤1切好的蔬菜块、蒜头及月桂叶，拌炒。
3 倒入白兰地略为烧煮。
4 加水熬煮15分钟。
5 将熬煮好的酱汁过滤。
6 再加入鲜奶油熬煮。
7 收汁至浓稠状即可完成。

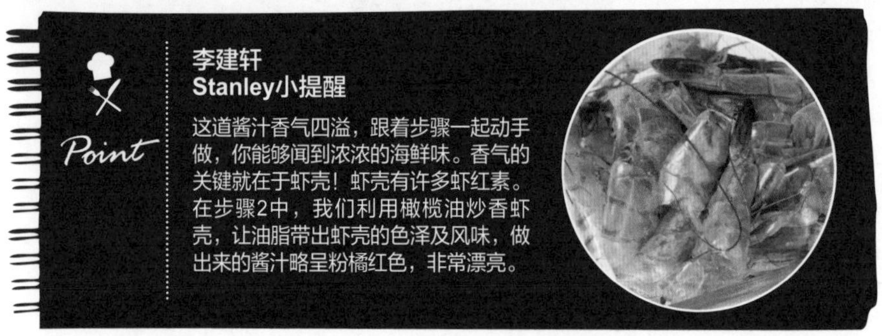

李建轩
Stanley小提醒

这道酱汁香气四溢，跟着步骤一起动手做，你能够闻到浓浓的海鲜味。香气的关键就在于虾壳！虾壳有许多虾红素。在步骤2中，我们利用橄榄油炒香虾壳，让油脂带出虾壳的色泽及风味，做出来的酱汁略呈粉橘红色，非常漂亮。

Delicious
美味搭配

Chapter 06

浓郁海鲜汤

示范搭配酱料：南瓜酱

海鲜的鲜甜度，搭配色泽漂亮的南瓜酱制作成海鲜浓汤，不禁让人食指大动。在此以南瓜酱作为示范搭配的酱料，大家也可以依喜好改搭具浓郁奶香的奶油白酱、虾鲜味的白兰地虾酱，或是营养丰富、颜色翠绿的青豆酱喔！

分量：1~2人份

料理时间：10分钟

事前准备：
完成鱼高汤、南瓜酱制作

使用物品：
焖烧锅（若无焖烧锅，也可用任何不锈钢锅代替）、不粘锅、硅胶铲夹

材料：

南瓜酱100克
草虾4尾
马铃薯60克
鲈鱼100克
蛤蜊8只
蒜苗5克
鱼高汤600毫升
盐适量
胡椒适量
白酒1大匙

步骤

1 将马铃薯切块蒸熟。
2 蒜苗切斜片。
3 草虾开背去肠泥。
4 将草虾与鲈鱼加入盐、胡椒、白酒，略腌备用。
5 将马铃薯、草虾及鲈鱼以不粘锅煎熟后，盛起备用。
6 以不粘锅将鱼高汤与蛤蜊煮熟。
7 再加入熟透的马铃薯、草虾、鲈鱼块及南瓜酱，以盐、胡椒调味。
8 排盘时以蒜苗点缀即可完成。

李建轩Stanley小提醒

这锅海鲜汤的料非常丰富，喝起来味道鲜美，又带有南瓜酱的浓郁甜味，自己动手做出这锅汤一定成就满满！想要做出完美的浓郁海鲜汤很简单，在这边提供大家两个小窍门，保证做出来的浓汤零失败，宴请亲友超有面子！

① 马铃薯蒸熟能保有甜味及淀粉，吃起来口感更佳。

② 煎鱼时将鱼皮朝下，能保住鱼完整性。

也可搭配本书其他酱料：
奶油白酱、白兰地虾酱、青豆酱

【泡菜酱】

自制的泡菜酱，不论煮汤、拌炒或作为蘸酱都很适合，一道酱料就能轻松满足你的需求。

分量：2~4人份

料理时间：5分钟

事前准备：
大白菜涂抹盐巴

使用物品：
保鲜盒、手持料理棒（若无料理棒，也可使用果汁机或食物料理机）

材料：

大白菜1/4个
盐1大匙
韩式辣椒粉25克
苹果1/4个
洋葱30克
蒜头1瓣
黄糖1小匙

步骤

1	2	3
4	5	6
7		

1 大白菜切小块。
2 以盐涂抹均匀至梗软备用（静置约15分钟）。
3 将软透的大白菜用水去除多余盐分。
4 接着沥干备用。
5 将苹果、洋葱、蒜、辣椒粉和糖放入容器。
6 以料理棒打成泥状酱料。
7 将大白菜与打好的酱料混合，放入保鲜盒冷藏1天即可完成。

李建轩Stanley小提醒

自制酸酸辣辣的韩式泡菜并不困难，在步骤2中，我们用水来去除大白菜的多余盐分，建议大家使用纯净水来去盐，以延长泡菜的保存时间。

泡菜酱运用于本书料理：杂烩锅

【味噌酱】

咸咸甜甜的味噌酱，是历史悠久的日式经典酱料，不论搭配小吃还是炒料，都是完美的选择喔！

分量：
2～4人份

料理时间：
1分钟

材料：

味噌50克　　味淋10毫升
黄糖30克　　酱油5毫升
米酒5毫升　　柠檬汁5毫升

李建轩Stanley小提醒

大家在制作味噌酱时，酱油可选用薄盐酱油，既不影响风味，同时也有增加色泽的效果。

1 将黄糖、米酒、柠檬汁、味淋、酱油及味噌加入容器中。
2 用汤匙将所有材料拌匀即可完成。

【柴鱼粉】

我坚决不吃化学调味剂，所以喜欢自己制作柴鱼粉。利用柴鱼片的鲜味细磨成粉，不论炒菜还是煮汤都适用，取代味精和高汤块。你也可以孕育出天然安心的百变调味粉。

★甘草可于大型卖场或中药行购得

分量：2～4人份

料理时间：3分钟

使用器具：手持料理棒

材料：

柴鱼片50克
盐1小匙
黄糖1小匙
甘草1/2小片

步骤 1 2

1 将柴鱼片、盐、黄糖、甘草放入手持料理棒容器中。
2 将所有材料以手持料理棒打成粉状即可完成。

Point

李建轩Stanley小提醒

在这道柴鱼粉中，我们在食材中加入甘草。甘草又名乌拉尔甘草，属多年生草本植物，一般中药行都能买得到。在料理中加入甘草，可以平衡咸甜味，增加香气。

【寿喜烧酱汁】

学会寿喜烧酱汁，让你餐桌上的料理变化多端，不论是蘸酱还是汤头都能轻松上好菜。

分量：2～4人份

料理时间：3分钟

事前准备：柴鱼高汤

使用器具：焖烧锅（若无焖烧锅，也可用任何不锈钢锅代替）、硅胶铲夹

材料：

柴鱼高汤100毫升
米酒1大匙
味淋1大匙
酱油1大匙
黄糖1小匙

1 2 3

1 开小火，将柴鱼高汤与糖加热溶解（不需要煮沸）。
2 再加入味淋、米酒、酱油。
3 以硅胶铲夹拌匀即可完成。

Delicious

美味搭配

杂烩锅

示范搭配酱料：泡菜酱

你大概想不到平凡泡面也能端上桌宴客吧？只要把冰箱剩下的少许食材加入杂烩锅中，不仅丰富整锅汤，还能清除冰箱的新鲜剩菜喔！除了搭配泡菜酱，不想吃辣的人也可以改搭本书的味噌酱，创造日式风味的浓郁汤头。

分量：1～2人份

料理时间：6分钟

事前准备：
完成鸡高汤制作。完成泡菜酱制作，也可使用市售泡菜

使用物品：
不粘锅、硅胶铲夹、小旋风（若无小旋风，也可使用刀具将材料切碎）

材料：

泡菜酱80克
泡面1包
板豆腐1/2块
鸿喜菇60克
火锅猪肉片6片
洋葱40克
起司片2片
蒜头2瓣
卷心菜60克
年糕60克
鸡蛋1枚
葱5克
鸡高汤600毫升

步骤

1	2	3
4	5	6
7	8	9
10		

1 洋葱切丝。
2 蒜头以小旋风切碎。
3 板豆腐切块。
4 卷心菜切大块。
5 以不粘锅炒香鸿喜菇及火锅猪肉片，炒熟盛起备用。
6 同上锅，炒香洋葱、蒜碎及泡菜酱。
7 加入鸡高汤及卷心菜。
8 依序排入豆腐、鸿喜菇、火锅猪肉片与年糕。
9 加入泡面及鸡蛋。
10 加入起司片，略为烧煮至沸腾，最后撒上葱花即可完成。

李建轩Stanley小提醒

好料多多的杂烩锅深受许多人喜爱，很多人习惯把所有料都丢在同一锅一起煮开。在步骤5中，我们把鸿喜菇及猪肉片先分别炒过，不但可去除腥味，还可增加风味喔！

也可搭配本书其他酱料：味噌酱

【红咖喱酱】

重口味的浓郁东南亚红咖喱酱，步骤简单好上手。只要材料备齐，就能简单制作出人人喜爱的东南亚酱料喔！

分量：
2～4人份

料理时间：
5分钟

使用器具：
不粘锅、硅胶铲夹、手持料理棒（若无料理棒，也可使用果汁机或食物料理机）

材料：

红洋葱50克
红葱头3个
姜10克
干香茅10克
蒜头2瓣
红辣椒1个
红甜椒1/4个
柠檬叶2片
水50毫升
鱼露1大匙
沙拉油1大匙
鸡高汤100毫升
椰奶50毫升
匈牙利红椒粉2大匙
小茴香粉1/4小匙
黄糖1大匙
太白粉1大匙

★现在大型超市及卖场贩卖的食材越来越多元，上述的东南亚香料、调味料都不难购得。此外，东南亚食品行、东南亚杂货店也都买得到喔！

步骤

1	2	3
4	5	6
7		

1 将红洋葱、红葱头、姜、蒜头、红辣椒、红甜椒、柠檬叶、香茅及水以手持料理棒搅碎成泥备用。
2 起锅入油，将步骤1搅碎的酱料炒煮约1分钟。
3 加入匈牙利红椒粉、小茴香粉、鱼露，拌炒约2分钟。
4 炒至香味出来时，加入鸡高汤，以小火煮沸。
5 离火加入椰奶。
6 再加入盐、糖调味。
7 倒入太白粉水勾芡即可完成（太白粉水调配方法请见下方李建轩Stanley小提醒）。

Point

李建轩Stanley小提醒

许多人初次吃东南亚风味的料理时，可能不太习惯它的风味，大家自制酱料时也可以依照自己口味做调整。下面3点小窍门可供大家制作酱料时参考：

❶ 鱼露及所有调味料都有咸味，请斟酌添加盐量。
❷ 添加椰奶时需离火，温度不可过高，以免蛋白质分离。
❸ 太白粉水是亚洲料理常见的勾芡方式，只要记得太白粉和水的比例1：1，以一般大小的汤匙为基准，将一匙太白粉及一匙水搅拌均匀即完成。

红咖喱酱运用于本书料理：酸辣汤酱

【酸辣汤酱】

红咖喱酱再升级

自己动手做东南亚香料味浓重的酸辣汤酱，可以依个人喜好调整食材，为全家大小量身打造酸度、辣度都符合的口味。

分量：2～4人份

料理时间：3分钟

事前准备：
完成红咖喱酱制作

使用器具：
不粘锅

材料：

罗望子30克
红咖喱酱50克
柠檬汁3大匙
柠檬叶2片
水30毫升
黄糖1大匙
太白粉1大匙

1 2

1 在不粘锅中加入红咖喱酱、柠檬汁、柠檬叶、糖、罗望子及水，小火煮开。

2 最后以太白粉水勾芡即可完成。

李建轩Stanley小提醒

酸酸辣辣的东南亚料理常常加入柠檬叶或柠檬汁，以提升酱料的风味。在步骤中添加的柠檬汁，大家可以依照个人喜好酸味的程度来调整。

酸辣汤酱运用于本书料理：
香椰海鲜汤

Delicious

美味搭配

香椰海鲜汤

示范搭配酱料：酸辣汤酱

喜爱东南亚口味的人，这道汤品绝对不容错过。添加本书示范搭配的酸辣汤酱，能使酸辣味中带出海鲜的鲜甜味，能够平衡汤头的味觉！若喜欢东南亚红咖喱香料，也可以搭配本书的红咖喱酱喔！

分量：2～4人份

料理时间：3分钟

事前准备：
完成鸡高汤与酸辣汤酱制作

使用物品：
不粘锅、硅胶铲夹

材料：

酸辣汤酱2大匙
柠檬叶3片
干香茅5克
南姜4～5片
小辣椒1根
红葱头2个
洋葱1/4个
柠檬1/3个
鸿喜菇60克
小番茄6个
椰奶50毫升
泰国鱼露1大匙
香菜1株
虾6尾
中卷1/2尾
蛤蜊8只
鸡高汤500毫升
沙拉油1大匙
九层塔5片

步骤

1	2	3
4	5	6
7	8	9

1 洋葱切块。
2 红葱头切片。
3 小番茄切半。
4 鸿喜菇掰小块。
5 中卷切圆圈状备用。
6 虾开背取肠泥。
7 起锅入油。
8 放入中卷。
9 放入虾。

10	11	12
13	14	15
16		

10 将虾、中卷大火煎炒至半熟，盛起备用。
11 同上锅，加入洋葱块、柠檬叶、香茅、南姜、红葱头片、小番茄、辣椒，炒香。
12 加入酸辣汤酱拌炒。
13 加入鸡高汤及蛤蜊，煮至蛤蜊熟开。
14 加入炒至半熟的海鲜、鸿喜菇及鱼露，煮至熟。
15 放上九层塔。
16 加入椰奶即可完成。

Point

李建轩Stanley小提醒

美味的海鲜汤添加许多各种不同的好料，像是虾、中卷及蛤蜊，煮出来的汤头十分鲜美。在步骤13中，蛤蜊以沸水煮约10秒后掰开，我们可以检视蛤蜊是否有残留泥沙。

也可搭配本书其他酱料：红咖喱酱

Chapter 07

第七章

自制手工甜品酱，人人都能创造的甜蜜滋味

看了前面那么多咸食、主菜的各式酱料，别忘了还有甜品酱料！香香甜甜的酱料，不但可以作为甜点内馅、抹酱，还能调饮料喔！用新鲜水果及各式天然食材自制的甜品酱料，不含化学香精，不但可以控制糖量，还能随自己喜好任意搭配糕点、法式薄饼、饮品等，让人享受甜蜜滋味又健康无负担喔！

【凤梨酱】

严选当季凤梨与本土冬瓜，经过慢火拌炒制成新鲜的凤梨冬瓜酱，不论作为糕点内馅或泡成水果茶，都非常适合喔！

分量：2～4人份

料理时间：18分钟

事前准备：
事先将凤梨与冬瓜去皮

使用物品：
不粘锅

材料：

凤梨（去皮后净重约250克）
冬瓜（去皮、去籽）约250克
黄糖90克
麦芽糖50克

步骤

1	2	3
4	5	6
7		

1 把凤梨果肉切丝备用。
2 把冬瓜切丝备用。
3 将凤梨丝、冬瓜丝连同凤梨汤汁一起放入不粘锅，以大火加热拌炒至熟软。
4 继续拌炒，至水分炒干且呈团状。
5 加入黄糖。
6 再加入麦芽糖拌炒。
7 炒至汤汁收干，且馅料能出现丝状纤维，即可完成。

Point

李建轩Stanley小提醒

以新鲜凤梨熬煮的凤梨酱不含香精，与糖拌炒后颜色偏深褐色，炒的时间越长，颜色越深。

凤梨酱运用于本书料理：凤梨冬瓜酥

Delicious

美味搭配

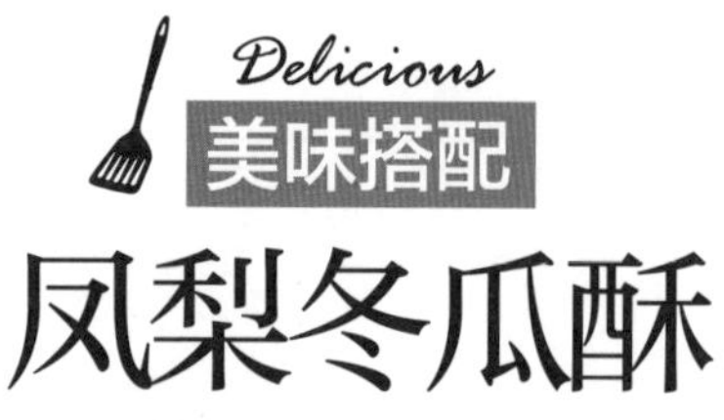

凤梨冬瓜酥

示范搭配酱料：凤梨酱

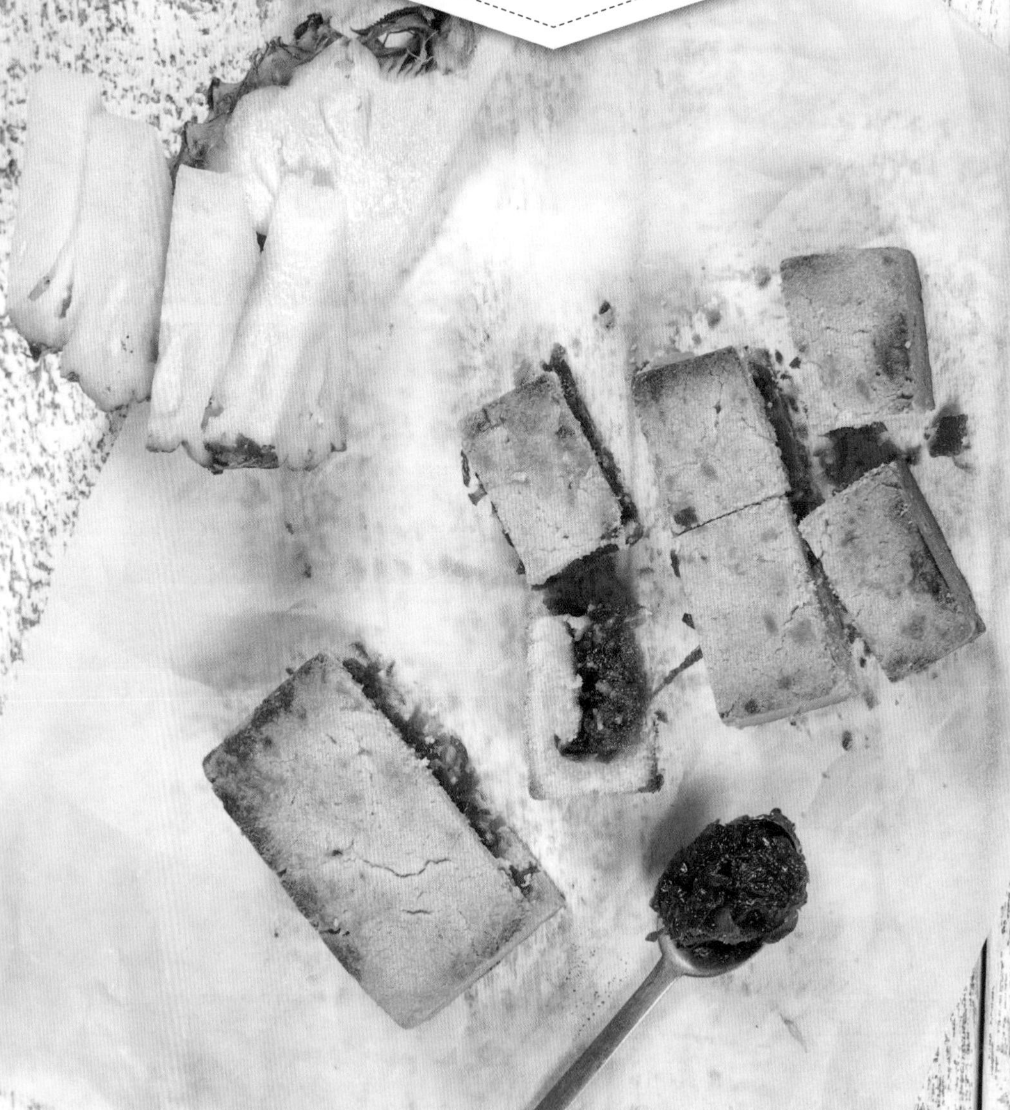

刚出炉的凤梨冬瓜酥，奶油香气逼人，再泡杯热茶，在家就能享受健康美味的下午茶。自制的凤梨酱不含化学香精，非常适合作为甜点内馅。除了凤梨酱，大家也可以依季节及个人喜好改搭本书的蜂蜜柚子酱或红豆酱。

分量：2~3人份

料理时间：20分钟

事前准备：

完成凤梨酱制作

使用物品：

打蛋器、烤模、硅胶铲夹、烘焙纸

步骤

1	2
3	4
5	6

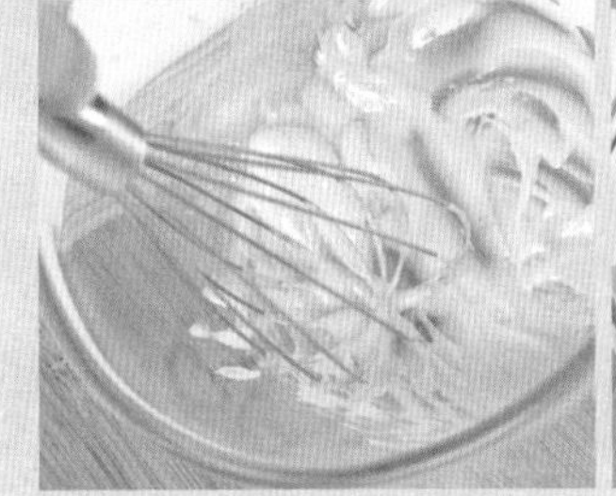

材料：

低筋面粉60克
奶油40克
糖粉5克
盐0.5克
奶粉15克
全蛋10克
凤梨酱120克

1 将奶油、糖粉及盐搅拌，至略为打发呈现绒毛状备用。
2 加入蛋液搅拌均匀。
3 再加入低筋面粉及奶粉，拌匀成团，静置10分钟成糕皮备用。
4 将糕皮压平后，包覆凤梨酱。
5 压入烤模中压平，以上火190℃或下火200℃烤约10分钟，翻面再烤6分钟即可取出。
6 待冷却再脱模即可完成。

Point

李建轩Stanley小提醒

美味可口的凤梨冬瓜酥，运用自制的凤梨酱，不含香精及人工添加物。制作量多时，步骤2的蛋液要分次加入，以免搅拌速度不均匀及吸收不完全。此外，将包馅的面团入烤模塑型时，可垫张烘焙纸，以防粘砧板或烤盘。

也可搭配本书其他酱料：
红豆酱、蜂蜜柚子酱

【香草酱】

选用新鲜香草籽取代人工香草精，与牛奶一同加热熬煮时，空气中充满淡淡甜香，搭配法式薄饼、蛋糕、面包、饼干等各式甜点，都能带给你满满的甜蜜幸福感。

分量：
2~4人份

料理时间：
6分钟

使用物品：
不粘锅、硅胶铲夹

材料：
鲜奶200毫升
香草荚1/2枝
黄糖2大匙
蛋黄2枚
低筋面粉1小匙
玉米粉1大匙

步骤

1	2	3
4	5	6
7	8	9

李建轩Stanley小提醒

香草荚虽然单价较高，但比起市面上常见的人工香草精，更天然健康！香草荚通常为试管包装，只能常温保存，不能冷藏或冷冻。因冰箱中的水气易使香草荚发霉。制作香草酱时，加热牛奶要注意锅边容易烧焦，过程中需不断搅拌。

香草酱运用于本书料理：
火焰法式薄饼附冰淇淋

1 以刀划开香草荚。
2 用汤匙刮取香草籽。
3 在不粘锅中加入香草籽、切开的香草荚及鲜奶150毫升，以小火慢煮。
4 煮至冒白气后，熄火取出香草荚。
5 将鲜奶50毫升、黄糖、蛋黄、低筋面粉及玉米粉倒入碗中。
6 搅拌均匀至无粉粒状。
7 再倒入步骤4的不粘锅中，开小火慢煮。
8 以硅胶铲夹慢慢搅拌。
9 煮至浓稠状即可熄火倒出。

【核桃乳酪酱】

选用未经调味的新鲜核桃，烘烤后用刀切碎就能闻到坚果的香味。再与乳酪拌和成酱，可用来搭配面包、蛋糕、法式薄饼等甜点，是非常百搭的抹酱喔！

分量：
2～4人份

料理时间：
8分钟

事前准备：
奶油乳酪放于常温处

使用物品：
不粘锅、打蛋器

材料：
奶油乳酪200克
黄糖30克
枫糖浆50克
核桃80克

步骤

1	2	3
4	5	6
7		

1 将核桃以不粘锅烘烤。
2 烤过的核桃取出，待凉切碎。
3 将回温的奶油乳酪用打蛋器搅拌成滑顺的乳霜状。
4 加入黄糖。
5 再加入枫糖混合均匀。
6 最后再加入核桃碎。
7 拌匀即可完成。

李建轩Stanley小提醒

制作前将奶油乳酪放于常温，可避免搅拌过程中结颗粒，造成不易拌匀的情形。

火焰法式薄饼附冰淇淋

示范搭配酱料：香草酱

酥脆微热的饼皮淋上自制香草酱或是带有坚果香味的核桃乳酪酱，再配上一球冰淇淋，可说是绝妙的下午茶搭配。这道甜点看似华丽精致，其实做法非常简单，快来自己动手做做看吧！

分量：**3人份**

料理时间：**5分钟**

事前准备：
完成香草酱制作，将柠檬皮切细丝

使用物品：
不粘锅、打蛋器、面粉筛

材料：

鸡蛋1枚
鲜奶150毫升
低筋面粉50克
黄糖15克
盐1克
奶油15克
青柠檬皮1/4片
冰淇淋2球
香草酱5大匙

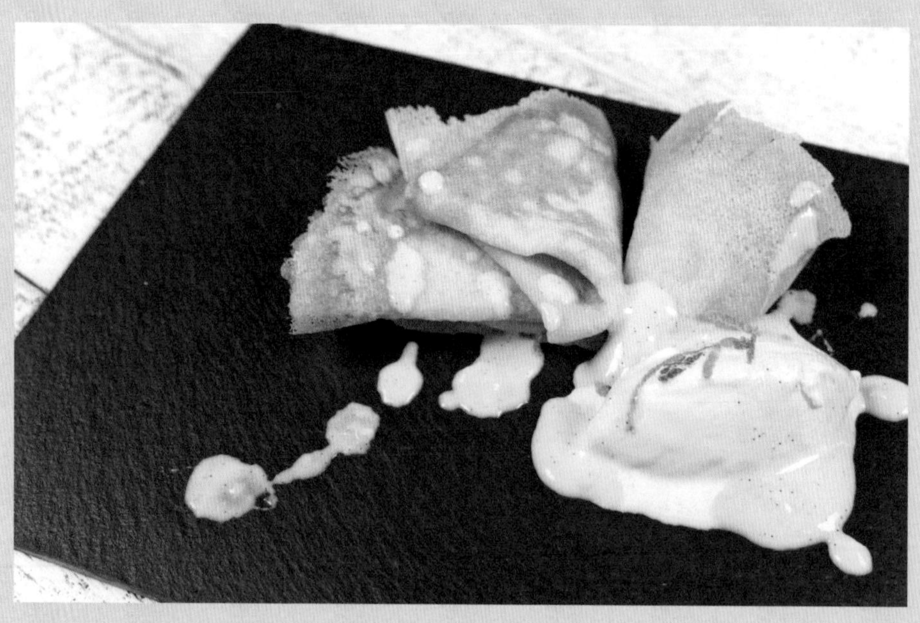

步骤

1	2	3
4	5	6
7	8	9

1 将鸡蛋、鲜奶、黄糖及盐搅拌均匀。
2 面粉过筛。
3 将过筛的面粉加入步骤1拌匀。
4 将奶油以不粘锅加热融化。
5 将融化的奶油加入步骤3拌匀成面糊。
6 将面糊倒入不粘锅内（约一大匙的量）。
7 将煎上色的薄饼对折2次取出盛盘（同样做法约可煎3片薄饼）。
8 将薄饼附上盘中，再放上冰淇淋。
9 淋上香草酱，略洒柠檬皮丝即可完成。

Point

李建轩Stanley小提醒

许多人煎法式薄饼时，常怕煎出来的颜色深浅不均。建议大家将拌匀的面糊放冰箱冷藏约30分钟。因为面糊冷藏过后密度会增加，煎出的薄饼颜色较均匀漂亮。

也可搭配本书其他酱料：
核桃乳酪酱

【蜂蜜柚子酱】

尝起来咸咸甜甜的蜂蜜柚子酱，带有淡淡的柚子清香，不论泡成热茶、制成冰饮，还是作为甜点抹酱，都非常适合！

分量：
2~4人份

料理时间：
15分钟

使用物品：
不粘锅、保鲜盒

材料：

柚子1个
柚子皮1片
黄糖100克
盐1/2小匙
柠檬1个
蜂蜜100克

步骤

1	2	3
4	5	6
7	8	9

1 将柚子肉拨小块去籽。
2 加入黄糖及盐拌匀。
3 将拌匀的柚子块放入保鲜盒冷藏至少3小时，至出水（最好放至隔天）。
4 先将柚子皮白色囊部去除。
5 再将柚子皮以沸水煮过。
6 将烫好的柚子皮取出，以刀切丝备用。
7 将保鲜盒中出水的柚子块以小火慢煮至浓稠。
8 再加蜂蜜、柠檬挤汁及柚子皮丝。
9 持续煮到汤汁变浓稠即可完成。

Point

李建轩Stanley小提醒

蜂蜜柚子酱在煮制的过程中，柚子皮是提升香气的关键。只要注意下面两点小秘诀，就能成功制出咸咸甜甜、略呈金黄色的蜂蜜柚子酱：

① 柚子皮的白色囊部分要刮干净，再经过热水煮过，才不会有苦涩味。

② 在步骤9蜂蜜柚子酱煮至浓稠的过程中，柚子皮丝颜色会由绿转黄，这是正常的现象。

蜂蜜柚子酱运用于本书料理：
柚子气泡饮

Delicious

美味搭配

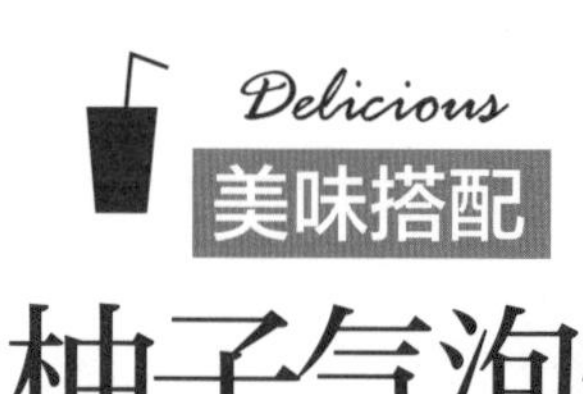

柚子气泡饮

示范搭配酱料：蜂蜜柚子酱

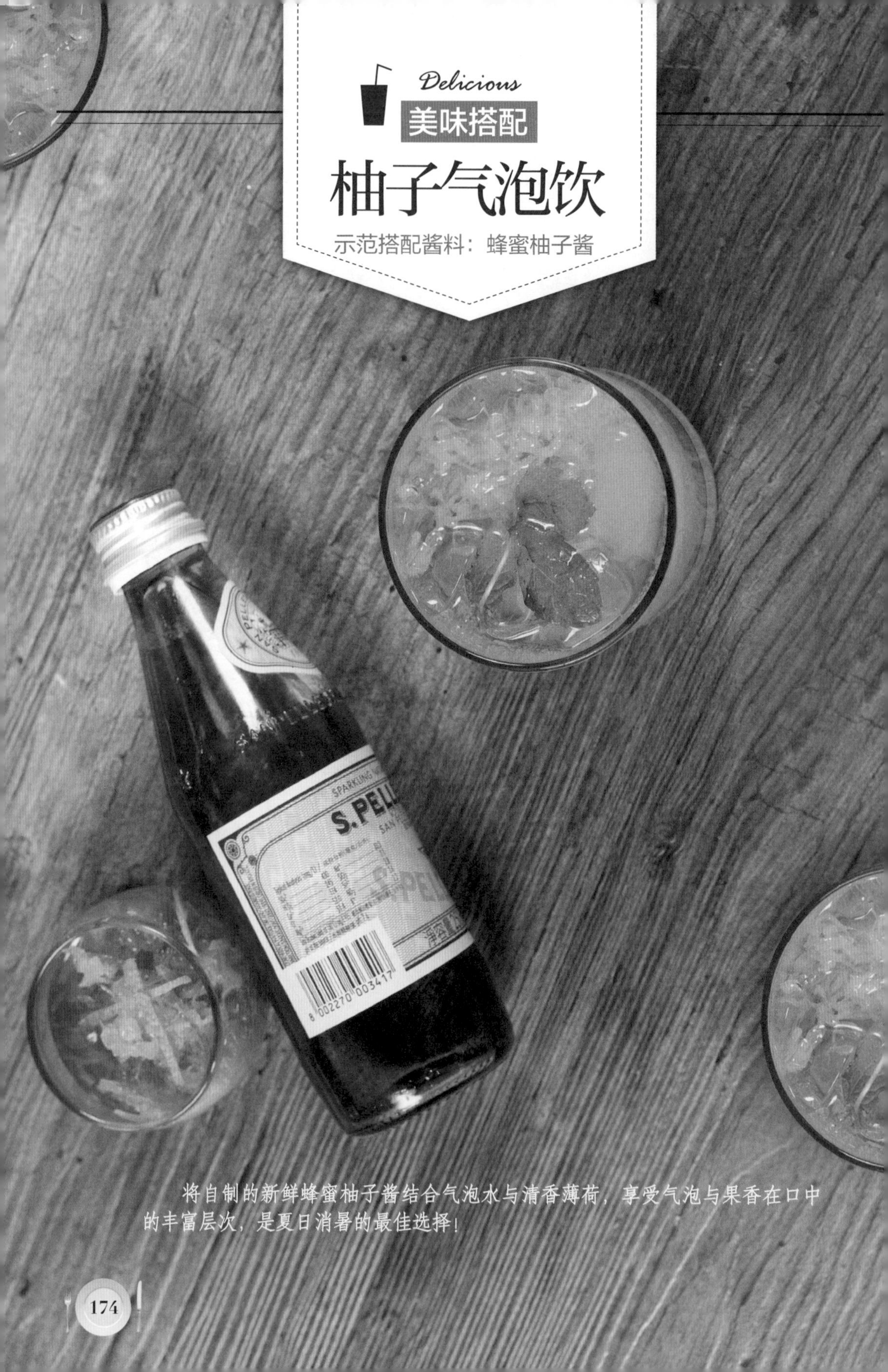

将自制的新鲜蜂蜜柚子酱结合气泡水与清香薄荷，享受气泡与果香在口中的丰富层次，是夏日消暑的最佳选择！

分量：
2人份

料理时间：
2分钟

事前准备：

完成蜂蜜柚子酱制作

材料：

蜂蜜柚子酱50克
气泡水200毫升
薄荷叶1株
冰块70克

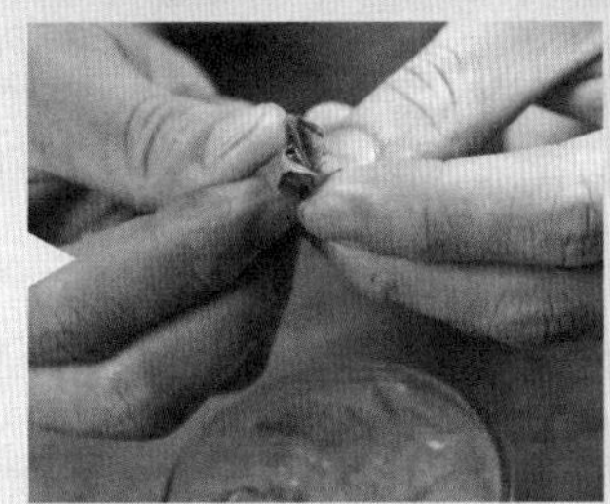

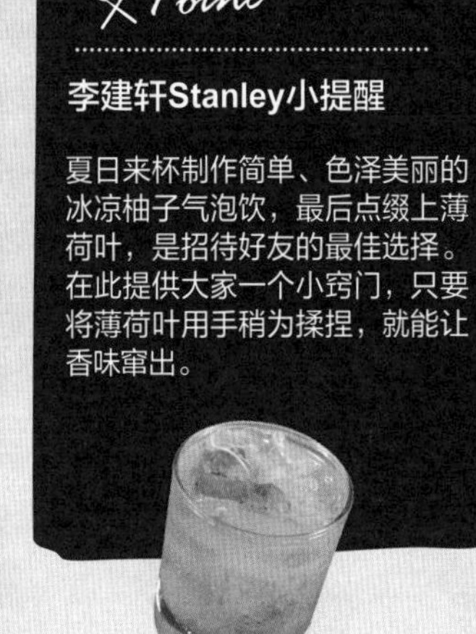

李建轩Stanley小提醒

夏日来杯制作简单、色泽美丽的冰凉柚子气泡饮，最后点缀上薄荷叶，是招待好友的最佳选择。在此提供大家一个小窍门，只要将薄荷叶用手稍为揉捏，就能让香味窜出。

1 向杯中加入冰块及蜂蜜柚子酱。
2 再倒入50毫升的气泡水。
3 用手稍微揉捏薄荷叶。
4 放上薄荷叶即可完成。

【红豆酱】

依个人喜好甜度所制成的红豆酱，不论煮甜汤或作为甜点内馅，都非常美味。

分量：
2~4人份

料理时间：
使用压力锅约30分钟（若无压力锅，也可使用电锅蒸煮约120分钟）

使用物品：
压力锅

材料：
红豆250克
水800毫升
砂糖100克
盐1小匙

1 将洗净的红豆倒入压力锅中。
2 加水后，盖锅上压，以小火煮约20分钟。
3 红豆熟透后，再开火将水煮干，成泥酱。
4 趁热加入盐。
5 再加入砂糖。
6 以木匙拌匀。
7 煮至收汁即完成。

李建轩Stanley小提醒

在最后的步骤趁热加入糖及盐拌匀后，煮干的泥酱会出很多水分，建议放入冰箱冷藏或再用小锅煮一下，让水分蒸发即可。

红豆酱运用于本书料理：红豆御萩

红豆御萩

示范搭配酱料：红豆酱

这道日式经典传统和果子，选用自制红豆酱包覆Q弹糯米饭，只要吃过一次，绝对让你念念不忘!

分量：
1~2人份

料理时间：
使用不锈钢焖烧锅约25分钟
（一般蒸煮锅约40分钟）

事前准备：
完成红豆酱制作

使用物品：
焖烧锅（若无焖烧锅，也可使用任何不锈钢锅代替）、不粘锅、硅胶铲夹

材料：

红豆酱 200克
圆糯米1杯（约200克）
水0.8杯（约180克）

步骤

1	2	3
4	5	6
7	8	

1 将洗净的糯米倒入不锈钢焖烧锅。
2 加入0.8杯的水。
3 盖上锅盖，煮至冒汽时，转小火再煮7分钟后熄火。
4 将煮好的糯米焖15分钟，成糯米饭。
5 以木匙将糯米饭捣一捣，直到糯米饭呈现黏稠状又可看到一点点米粒为止。
6 取一小团糯米饭捏成小球状。
7 以红豆酱把糯米球包起来。
8 用手稍微塑形即可完成。

【芒果酱】

夏日首选的新鲜芒果，加入砂糖和柠檬汁熬煮成酱，色泽鲜黄亮丽。搭配冰淇淋、法式薄饼、蛋糕、酸奶等各式甜品，或是打成冰砂，绝对让人爱不释手！

分量：**2~4人份**

料理时间：**10分钟**

使用物品：

不粘锅、小旋风（若无小旋风，也可使用汤匙将材料压碎拌匀）

材料：

爱文芒果2个

黄糖100g

柠檬1个

步骤 1 2

1 将切块芒果放入小旋风搅碎后，倒入不粘锅。

2 加入黄糖和柠檬挤汁后，以小火煮至浓稠即可完成（过程中需不断搅拌，避免芒果酱粘锅烧焦）。

李建轩Stanley小提醒

因为芒果富含果胶，将做好的芒果酱放凉后会变得更浓稠！

芒果酱运用于本书料理：
香芒双色糯米饭

香芒双色糯米饭

示范搭配酱料：芒果酱

色彩缤纷、可口诱人的双色糯米饭，淋上大人小孩都爱的自制芒果酱，让人吃进嘴里，甜在心里。

分量：1～2人份

料理时间：
使用不锈钢焖烧锅约25分钟（一般蒸煮锅约40分钟）

事前准备：
完成芒果酱制作，将青柠檬皮切细丝

使用物品：
不粘锅、不锈钢焖烧锅两个（若无不锈钢焖烧锅，也可使用任何蒸煮锅）

材料：

长糯米1杯	盐1小匙
紫米1杯	青柠檬皮1/2片
椰奶200毫升	薄荷叶8片
黄糖50克	芒果酱150克

步骤

1	2	3
4	5	6
7	8	

1 将洗净的长糯米和0.8杯的水加入不锈钢焖烧锅。

2 煮至冒汽时，转小火再煮7分钟后熄火，焖15分钟成糯米饭备用。

3 另取一不锈钢焖烧锅，将洗净的紫米和等米量的水（1杯）加入。一样煮至冒汽时，转小火再煮7分钟后熄火，焖15分钟备用。

4 将椰奶、糖及盐加入不粘锅，以小火加热成椰奶酱，煮至糖溶化即可熄火。

5 取一半的加热椰奶酱分别加入煮熟的长糯米饭与紫米饭中拌匀。

6 将拌好椰奶酱的紫米饭及长糯米饭盛盘，放上芒果酱。

7 淋上其余的椰奶酱。

8 放上青柠檬皮丝及薄荷叶即可完成。

图书在版编目（CIP）数据

美味三餐好伴侣 ： 五分钟轻松酱料制作教程 / 李建轩著. -- 北京 ： 人民邮电出版社，2018.7
ISBN 978-7-115-47946-4

Ⅰ. ①美… Ⅱ. ①李… Ⅲ. ①调味酱－制作－教材 Ⅳ. ①TS264.2

中国版本图书馆CIP数据核字(2018)第038971号

内 容 提 要

本书是一本酱料制作入门教程，书中从教授制作酱料常用工具、调味品选购等基本知识开始，图解了中式、西式、日韩、东南亚四大类风味酱料中的近60种基础及升级酱料的做法，并部分配有适用的料理教程。书中涉及的酱料品种繁多，制作步骤详细，从材料分切到下锅制作再到收尾装瓶，都有详细介绍。

本书适合美食爱好者、初学者阅读。

◆ 著　　　李建轩（Stanley）
责任编辑　李天骄
责任印制　周昇亮

◆ 人民邮电出版社出版发行　北京市丰台区成寿寺路11号
邮编　100164　电子邮件　315@ptpress.com.cn
网址　http://www.ptpress.com.cn
北京东方宝隆印刷有限公司印刷

◆ 开本：700×1000　1/16
印张：11.5　　2018年7月第1版
字数：200千字　　2018年7月北京第1次印刷
著作权合同登记号　图字：01-2017-2288号

定价：49.00元

读者服务热线：(010)81055296　印装质量热线：(010)81055316
反盗版热线：(010)81055315
广告经营许可证：京东工商广登字20170147号